女孩百科
完美女孩的自信秘诀

自信满满的女孩最美丽！

彭凡 / 编著

图书在版编目（CIP）数据

完美女孩的自信秘诀/彭凡编著. —北京：化学工业出版社，2020.7（2024.4重印）
（女孩百科）
ISBN 978-7-122-36954-3

Ⅰ.①完… Ⅱ.①彭… Ⅲ.①女性-自信心-青少年读物 Ⅳ.①B848.4-49

中国版本图书馆CIP数据核字（2020）第084234号

责任编辑：丁尚林　马羚玮	装帧设计：花朵朵图书工作室
责任校对：宋　夏	

出版发行：化学工业出版社（北京市东城区青年湖南街13号　邮政编码100011）
印　　装：天津裕同印刷有限公司
710mm×1000mm　1/16　印张11　2024年4月北京第1版第4次印刷

购书咨询：010-64518888　　　　　　　　　　售后服务：010-64518899
网　　址：http://www.cip.com.cn
凡购买本书，如有缺损质量问题，本社销售中心负责调换。

定　　价：39.80元　　　　　　　　　　　　　　版权所有　违者必究

前言

路再长,
长不过奔跑不息的脚步。
因为自信就是那热情的疾风,
推动双脚奔向遥远的前方。

海再宽,
宽不过一往无前的航船。
因为自信就是那闪亮的灯塔,
引领船舶驶向胜利的彼岸。

请播下自信的种子吧!
让我们心里的那棵小苗,
茁壮地成长。
相信总有一天,
你会活出自己的风采,
成为最美丽的主角!

目录

第1章 相信自己，我最棒！

白天鹅养成记	2
优点去哪儿了？	4
我能行吗？	6
做"自恋"的女孩	8
夸夸我自己	10
藏起来的缺陷	12
和自己做朋友	14
什么都依别人吗？	16
我是绿叶吗？	18
我很笨吗？	20
逗自己开心	22
收起嫉妒之心	24
我有拖延症吗？	26
独立完成的事	28
身体健康显自信	30
别给失败找借口	32
笑出来的自信	34
把爱说出口	36
我也能保护弱小	38

第2章　面对大家，我不怕！

我有公众恐惧症吗？	42
糟糕，鼻子又酸了	46
别那么敏感	48
干净为自信加码	50
挥起正义之剑吧！	52
造型大改造	54
我敢和他对视	56
埋在喉咙里的自信	58
吞进肚子里的话	60
搞笑的力量	62

是她给了我自信	64
站在舞台上的我	66
有人比我更优秀	68
我的参照物是……	70
不做孤独的雪莲花	72
真正的朋友不用讨好	74
我会说"不"	76
在别人的眼神中寻找信心	78
冲动是魔鬼	80

目录

第3章　正能量，开动起来吧！

- 请积极地看待这件事　84
- 别放弃弱项　86
- 跳出灰暗的格子　88
- 第一排是噩梦吗？　90
- 主动出击吧！　92
- 让想象飞起来　94
- 好运？坏运？　96
- 准备好了吗？　98
- 我有那么不幸吗？　100
- 神奇的信念　102
- 从做好小事开始　104

- 为小成功喝彩　106
- 我的理想是……　108
- 行动起来吧！　110
- 付出百分之两百的努力　112
- 做什么都认真　114
- 看到更远的地方　116
- 勇于提出质疑　118
- 别被夸赞冲昏了头　120
- 我的自信日志　122
- 潜力大爆发　124
- 做自己喜欢的事　126

第4章　没有什么能够打倒我！

爱哭的小猫咪　　　　　130
别抱怨环境　　　　　　132
当失败来袭　　　　　　134
别被"假如"打败　　　　136
哪里跌倒哪里爬起来　　138
如果别人低估了我　　　140
该放弃就放弃吧！　　　142
砸开困难的围墙　　　　144
不会更糟了　　　　　　146
自己与自己的战争　　　148
有那么一点冒险精神　　150

我不想长大吗？　　　　152
不要迷信命运　　　　　154
自我解嘲长自信　　　　156
如何看待别人的"警告"？158
坏习惯与好习惯　　　　160
听积极向上的歌　　　　162
崇拜自然偶像　　　　　164
寻找榜样　　　　　　　166

第 1 章

相信自己，我最棒！

白天鹅养成记

苏小卉看着镜子里的自己,单眼皮、小鼻子、大嘴巴,绝对是淹没在人群中就再也找不到的那种。苏小卉常常幻想着:我要是能像肖涵语那样,可爱又乖巧、人见人爱该多好啊!

世界好不公平呀!只给了一部分人漂亮的面孔、玲珑的身材,却让另一部分人成为丑小鸭,沦落成他人可怜的衬托。就像苏小卉这样,整天跟在小公主肖涵语的身后,看着无数人投来欣赏、羡慕的目光,却通通穿过透明的她,直接映射在肖涵语的身上。

相貌是天生的,与其每天幻想自己突然变漂亮,为一些不能改变的事闷闷不乐,还不如果断地抛开困扰,做一只快乐的丑小鸭呢。

童话故事里，丑小鸭最后变成了白天鹅，这是一个非常非常漫长的过程。在变成白天鹅之前，我们必须做好充分的准备。记住，世界上没有不努力就能变成白天鹅的丑小鸭！

白天鹅养成秘诀

☆ 比起外表的靓丽，内在的良好气质更具有吸引力。

1. 举止优雅、得体。

2. 拥有一样突出的特长。

3. 拥有一颗友爱善良的心。

4. 保持亲切的微笑。

5. 拥有无敌的自信心。

优点去哪儿了？

"苏小卉，你还能再懒点儿吗？"

"苏小卉，你就是个好吃鬼。"

"苏小卉，你能学学人家涵语吗？"

每次听到妈妈的唠叨，苏小卉的情绪都跌到了谷底。她也常常自言自语地问自己："苏小卉，你怎么这么多缺点，优点却一个也没有呢？"

苏小卉真的没有优点吗？她的优点都去了哪里？想必是缺点太明显，将她的优点全都掩藏了吧！其实，每个人都有自己的优点，只是有些人善于发现自己的优点，而有些人却常常看不见自己的优点。

让我们来听听同学们对苏小卉的评价吧!

肖涵语说:"小卉很善良,做什么事总是替别人着想。"

郁晓晓说:"小卉很可爱呀,有她在的地方总是充满笑声。"

陈辰说:"苏小卉嘛,她是我见过的最大方的女生。"

如果苏小卉听到同学们说的话,一定高兴得合不拢嘴吧!在别人的眼里,也许你不是十全十美的,但也绝不是一无是处。就连经常对我们提出诸多要求的妈妈,也是出于对我们的关爱,才指出我们的缺点,其实在每位妈妈的心里,自己的孩子永远都是最优秀的!

 我的优点

仔细思考,你有哪些优点?圈出属于你的优点吧!如果你还有其他特别的优点,也请列出来吧!

清秀	可爱	聪慧	俊俏	大方	温柔	认真
开朗	率真	善良	诚实	坚强	勇敢	机敏
细心	勤奋	谦虚	自信	热心	稳重	宽容

其他:

我能行吗?

星期一的早晨,苏小卉正趴在课桌上打瞌睡,肖涵语忽然走过来,拍拍她的肩说:"小卉,能请你帮个忙吗?"听得出来,她的声音有点儿沙哑。

"什……什么事?"苏小卉擦擦口水,一脸吃惊地问。

"我感冒了,嗓子哑了。待会儿就是国旗下的讲话,你能代替我吗?要是同意的话,我就去告诉老师。这是演讲稿!"

看着肖涵语手中的演讲稿,苏小卉的心都跳到嗓子眼了。在一千多名师生面前讲话,这是多大的荣耀呀!可是很快她又怀疑起自己来:我能行吗?

在肖涵语的眼中,苏小卉是完全可以胜任的,她的声音清脆动听、吐词清晰,又讲一口标准的普通话;可是,苏小卉却对自己没把握，生怕自己搞砸了，在众人面前出糗。

在事情未开始之前就怀疑自己的能力，纵使有再多的机会摆在你面前，也只能眼睁睁地看着它溜走，跑到别人的手中啦！

只有自己先认可自己，才能得到别人的肯定；只有给自己一点点豁出去的勇气，才能获得充足的成就感！

一起来念自信秘诀！然后大声对自己说："我能行！"

★别人说我行，还要努力才能行；
★相信自己行，就没什么不能行；
★这点不行，那点绝对行；
★现在还不行，争取今后一定行。

做"自恋"的女孩

有一天早上,苏小卉出门前照镜子,惊喜地发现镜子里的女孩似乎和以前有点不一样了,竟然也有那么一丝可爱。

从这天起,苏小卉只要看到能反光的镜面,就忍不住扭过头瞧一瞧。

"晓晓,我最近老爱照镜子,是不是太自恋了?"藏不住心事的苏小卉将自己的疑问说给好朋友郁晓晓听。

"这没什么呀!"郁晓晓觉得,这根本不是什么严重的问题,"女孩子都喜欢照镜子呀!"

是啊!女孩子喜欢照镜子,有一点点自恋又有什么关系呢?有时候,我们对着镜子照一照,会渐渐发现身上有许多可爱之处。甚至许多以前看不顺眼的地方，也会渐渐变得没那么讨厌了！

这种对着镜子自我欣赏的方法，看起来有些自恋，实际上却是树立自信心的妙招之一！它能让我们在镜子中看到更加美好的自己，从而自我肯定！

镜子魔术

如果觉得自己身材有点胖，不妨经常对着镜子说："我不胖，我很苗条……"

渐渐地，你会发现身体看起来没那么笨重，甚至变瘦咯！虽说身体并没有真的发生变化，但语言说服了眼睛，眼睛又安慰了心灵，心情就会变得豁然开朗，在不知不觉中自信心也就增长啦！

注意了！女孩适当的自恋能增强自信，过度自恋却会麻痹自己，变成自负。所以：

☆不要在不适合的场合照镜子，如：课堂、升旗仪式等。

☆不要自以为是，目中无人。

☆不要过分抬高自己，贬低别人。

夸夸我自己

新一轮班干部竞选开始啦！肖涵语第一个上台发言：

"大家好，我要竞选的职务是学习委员，我觉得自己完全有能力胜任，我在学习上勤奋刻苦，善思好问，成绩一直名列前茅。而且我还是一个乐于助人的女孩，不管谁遇到学习上或生活上的问题，我都会尽我所能地帮助对方……"

接下来，是苏小卉的发言：

"大家好，我也想竞选学习委员，虽然我成绩不太好，而且从来没担任过学习委员，可能会做得不好，但我会努力的……"

……

经过一轮发言，究竟谁会获得更多同学的支持呢？比起对自己没把握的苏小卉，自信的肖涵语是不是更能获得大家的青睐呢？

总认为自己这也不行，那也做得不好，这种过度谦虚的行为实际上是在贬低自己呀。如果自己都认为自己不行，又如何能得到别人的肯定呢？

一个人拥有的优点，如果自己不进行"推销"，别人也许根本看不到。那么，自己的才华与能力岂不是被无辜地埋没了？所以，在适当的时候，我们应该适度地夸夸自己，实事求是地说出自己的优点，让其他人看到自己的能力。这不是自傲，而是自信的表现哟！

 千万别害羞，夸夸你自己吧！

如：☆我的歌唱得很棒！　　☆我的记忆力特别好。

☆我很会模仿！　　☆我可是电脑高手。

我的优点是 _____ ；

我最在行的是 _____ ；

我是一个 _____ 的女生。

藏起来的缺陷

夏天到了，同学们都换上了凉爽的夏季校服，穿上了轻便透气的凉鞋。可是，苏小卉却发现赵忆婷的脚上还穿着运动鞋。

"赵忆婷，你干吗不穿凉鞋呀？不热吗？"苏小卉忍不住问道。

赵忆婷慌慌张张地退了两步，回答道："我不喜欢穿凉鞋。"

终于有一天，苏小卉发现了赵忆婷鞋子里的秘密。

有一次课间，苏小卉站到一处隐蔽的墙角休息。这时，她看见赵忆婷跑到墙的另一面，警觉地朝四周望了望，发现没人，便靠着墙脱下右脚的鞋袜，清理里面的灰尘和石子。

在好奇心的驱使下，苏小卉瞧了过去。原来，赵忆婷的大脚趾长得十分突兀，比其他四趾长了许多，看起来是有一些奇怪。苏小卉恍然大悟：这就是她不愿意露出双脚的原因呀！

赵忆婷的反常举动激发了苏小卉的好奇心，让她更想探查鞋子里的秘密。试想一下，如果一开始赵忆婷就大方地穿凉鞋，秀出自己不太完美的脚，其他同学还会有这样强烈的好奇心吗？或许大家根本不会注意到这一特别之处吧！

当自己以一颗平常心看待缺陷时，在别人的眼里缺陷就会无限缩小，甚至消失不见；如果自己太在意那一点缺陷，总是畏畏缩缩，藏着掖着，只会让其他人更加好奇，更加在意，从而小小的缺陷就被无限放大了！

> 每个人都不完美，都有缺陷，这没什么大不了。用正确的心态面对，缺陷就会变成你的特别之处，变成独一无二的记号，就像他们一样：

郁晓晓说："我有一对大大的招风耳，还能随意地摆动呢。我们班除了我，谁也没有这一项特异功能哟！"

史小冬说："我的左眼比右眼小一点，正好可以扮演海盗船长啊！"

和自己做朋友

你害怕一个人独处吗?

当你一个人独处时,会不会感到孤单?

就算有一群人在场,会不会也觉得自己被关在一个小空间里?

每个人的情绪都会有低谷,每个人都渴望找到惺惺相惜的同伴,让心灵得到安慰,这样才不会感觉到孤独。

身为独生女的苏小卉,也常常会有孤单的时候。每当产生这样的情绪时,苏小卉自有解决的办法,那就是和自己做朋友。

这是一件很有趣的事,给自己找点事做,和自己的心灵对对话,即使一个人,身边也像是拥有了一个可靠的朋友,孤单和恐惧就会躲得

远远的啦!

人不能没有朋友。在所有的朋友中,不能缺少的最重要的一个,就是另一个自己。一旦缺少了这个朋友,即使身边每天都有一大帮人,你也会感觉到莫名其妙的孤独;只有结识自己,喜欢自己,和另一个自己做朋友,内心才会更加充实。

我的日记本朋友!

苏小卉有一个可爱的日记本,里面记载的不是大家认为的"有意义的事",而是自己对自己的碎碎念。这是她的秘密花园,是她最信赖的朋友,里面记录了她当时的心情、烦恼、秘密……拥有了它,情绪有了释放的出口,每天都会觉得轻松、快乐!

猜一猜

形影不离好朋友,
黑身黑腿黑黑头,
灯前月下跟你走,
就是从来不开口。

什么都依别人吗?

和苏小卉商量任何事,结果总是得不到任何答案,久而久之,大家就会忽略苏小卉的意见,直接替她做决定了!

有人替自己做决定,看起来的确轻松不少,省事不少,不用再纠结那些难以决定的选择题。可是,时间一长,以后遇到任何

事都无法自己做决定，身边都需要一个决策者，懒惰和依赖就会找上门！

像苏小卉这样，缺少主见，什么都等着别人替自己决定，只会让自己渐渐忽略另一个自己，失去自我这个好朋友，一旦想要表达自己的想法时，便失去了脱口而出的勇气，变得越来越怯懦，越来越没有自信了！这多么可怕啊！

拾起决策权吧！

- 有想法一定要大胆说出来。
- 当别人提供选择时，试着给出具体的答案。
- 别把"随便""听你的"当成口头禅。
- 好人并不代表一味地听从，不要把毫无原则地迁就别人当成习惯。

我是绿叶吗？

"你好，同学！麻烦你把这个笔记本交给肖涵语！"

苏小卉从隔壁班同学手中接过笔记本，闷闷不乐地朝教室走去。她为什么会不高兴呢？因为在学校所有人都认识肖涵语，也有许多人知道她和肖涵语是朋友，可是很少有人能叫出她的名字。

苏小卉常常这样想：如果说，肖涵语是一朵美丽的花朵，那

救命呀！

我一定是不起眼的绿叶，是她的小跟班。

如果身边有一个特别优秀的朋友，我们的光芒就会在不知不觉中被掩盖，成为衬托对方的绿叶。是躲在别人的光环下默默无闻，还是跳出来做特别的自己，这全由自己来决定。

和优秀的朋友在一起，不是为了衬托出自己的渺小，更不是为了让自己产生自卑的情绪，而是让自己在对方的感染下变得也很优秀。

关注并学习对方的优点，彼此互相勉励，共同进步，让朋友成为你学习的榜样，前进的动力。这样，你就能成为像对方一样优秀的人，你们的友谊才能在平等的基础上更加坚固啊！

名人如是说

如果最终不结果，那就做一朵鲜花；如果绽放不出花蕊，那就做一片绿叶。人才是有层次的，月亮不因太阳的存在而失去赞美，星星不因月亮的存在而失去价值。

我很笨吗?

其他同学读三遍就能记牢一篇课文,我却读十遍还记不住。

其他同学总能第一时间理解老师教的知识内容,我却听得一知半解。

其他同学总能顺利回答出老师提的各种问题,我却最怕问题找上门。

……

原来,我就是传说中的笨小孩。

实际上,大家并没有站在同一起跑线上。有的同学天资聪慧,不管学什么都一学就会;有的同学却没那么聪明,学什么都慢半拍。

先天的条件我们无法更改,可是我们却可以通过后天的努力迎头赶上。记住,世界上没有真正的笨小孩,只有不够努力的懒小孩。

如果你够勤奋,愿意花比别人多十倍、十几倍,甚至几十倍的时间和精力去学习,去充实自己,你就一定能成为优秀的人。

  笨人榜样馆

别看华罗庚是著名的数学家,他小时候也很笨呢,不仅记性差,反应还特别慢。不过,他后来通过不懈努力,最终摘掉了"笨帽子"。

科学巨人霍金小时候并不聪明,在班里的成绩也从没有进过前10名,同学们常常嘲弄他,老师也觉得他并不优秀。不过,随着年龄的增长,小霍金开始对科学感兴趣,凭借着执着和热情,霍金开始了真正的科学探索。

逗自己开心

"唉！最近怎么了！怎么老是这么倒霉？"一整天，苏小卉都闷闷不乐，昨天忘了带笔记本，今天出门就摔了一跤，早上迟到还被老师批了一顿。

可是她越是这样想，心情就越糟糕，同学们看见她，都躲得远远的，生怕被这颗"炸弹"给炸到。

其实，每个人都有做错事、情绪低落的时候，如果在这时，我们自己都无

法原谅自己，只会让坏情绪有机可乘，让那个令人讨厌的自己变得越来越恶劣了！相反，如果我们能原谅自己一时的小脾气，甚至学习去讨好自己，一切就会变成另外一番景象啦！

今天心情不好，想要大吃一顿。

我一个人好无聊，想个办法逗自己开心吧！

我今天受了委屈，应该好好安慰一下自己。

总之，讨好自己是心理调节的一剂良药，它会使你在难过、郁闷时变得更加快乐、充实与自信！

注意了！

讨好自己并不是盲目地夸赞自己，毫无原则地原谅自己犯下的错误，一味地放松对自己的要求，这样做只会让"讨好自己"变成一剂毒药，不但不能起到宽慰自己的作用，还有可能让自己变得越来越自负、自私、懒惰。

收起嫉妒之心

"你瞧,肖涵语新买的裙子多漂亮呀!"

"呵呵,还好吧。"

"哇!肖涵语的爸爸开车来接她了。"

"她爸爸有钱呗!"

每每遇到这样的事情,苏小卉脸上的笑容就会变得不自然,心里也会暗暗地想:这没什么了不起的。

苏小卉也不知道为什么会这样。直到有一天,郁晓晓一语道破天机,她说:"苏小卉,你在嫉妒肖涵语。"听到这个结论,苏小卉自己都吓了一大跳。

"嫉妒"是一种很糟糕的情绪,任何人都不

愿在自己的心里种上嫉妒的种子，可无奈的是，嫉妒往往在不知不觉中发芽，连我们自己也不知道。

爱嫉妒会给我们的生活造成许多困扰，除了无法真诚地对待身边的人之外，还会因为总是把目光停留在别人身上，而渐渐忽略自身优势的培养。嫉妒之心越膨胀，自身的修养和能力就会越缩小，慢慢地，我们只会离那个被自己嫉妒的人越来越远。

收起嫉妒之心，才有精力磨炼自己，才能成就最棒的自己。从今天起，无需再嫉妒任何人。

★ 物质上的优越没什么好嫉妒的

漂亮的裙子、新的手机、大把的零花钱……这没什么好嫉妒的，她（他）拥有的你没有，而你拥有的她（他）也不见得有呀！想想那些贫困山区的孩子们，我们应该感到幸福和满足。

★ 能力上的优越不应该嫉妒

成绩优异、特长出众……这些都是别人通过努力得来的，同样我们也可以通过自己的努力去争取。与其仰望着高处的人，还不如低下头努力攀登，争取获得同样的荣耀！

我有拖延症吗?

"懒虫,起床啦!懒虫,起床啦!"

每天早上,闹钟都会不厌其烦地响起,尽管苏小卉对它不理不睬。五分钟、十分钟……直到妈妈从外面推开房门,掀开苏小卉的棉被,她才会极不情愿地爬起来。

不管是起床、做作业,还是做别的事情,苏小卉都会习惯性地拖延一阵儿,用她自己的话说:"我一定是得了拖延症。"

 **"拖延症"俗称"懒惰"**

症状一：做任何事都拖拖拉拉，没到火烧眉毛绝不着急。

症状二：对自己很随便，没有任何约束和要求。

症状三：需多做却少做，能不做就不做，总是想尽一切办法偷懒。

症状四：因为放任自己的懒惰而忽略事情的细节和质量。

患上了拖延症，表面上看起来并无大碍，实际上却为自己种上了一颗可怕的"炸弹"。拖延一旦成为一种改不掉的习惯，就会深入我们的生活和学习，小事拖沓，大事敷衍，结果只会什么事也做不好。一个一事无成的人，又去哪里找自信呢？

 如何治好拖延症

● 准备一个笔记本，将自己喜欢拖延的事一件件列出来吧！

● 一条一条反省，意识到哪些事情绝对不能拖延。

● 一条一条克服，找到解决拖延的好办法。

如果喜欢赖床，就要求自己听到闹钟响马上起床，别给自己贪睡的机会；

如果喜欢拖延做作业的时间，就找一个监督者，监督自己做完作业才能做其他的事情。

独立完成的事

不管做什么，第一反应不是自己如何独立完成，而是找一个人共同承担或帮忙，这样究竟好不好呢？如果做什么都需要人

陪，需要人帮忙，会让依赖心理渐渐形成。假如身边少了一个人陪伴，就像失去了左右手，什么也做不了。

更何况和别人一起完成某件事，只能代表共同的能力，而并不能反映我们自己真实的水平。长此以往，我们将永远无法得知自己能做什么，有多大的能力。

抛开依赖，试着独立完成一些事，才能真正起到锻炼自己的作用，挖掘出自己更大的潜力，得到更大的收获！

今天是我的独立日！
——独立完成作业
——单独复习功课
——独自去图书馆看书
——独自询问老师问题
……

身体健康显自信

"苏小卉,你考得怎么样呀?"

期中考试,第一堂数学考试刚结束,郁晓晓就迫不及待地跑到苏小卉的课桌前询问起来。

"别提多糟了,阿嚏!!"苏小卉一边打着喷嚏,一边抱怨道,"该死的感冒,害我发挥……阿嚏……失常,下午的语文考试也没……阿嚏……指望了。"

苏小卉明显有这样的感觉:当她生病时,就什么也不想做,做什么都不顺利。可是,她总不爱锻炼身体,也不注意保暖,所以总是生病。拖着病恹恹的身体,

每天无精打采的，自然做什么都做不好啦！

　　身体是一切的基础，如果没有健康的身体，自然做什么都少了三分力，进而很难将事情做好。如此一来，又如何振作起自信心呢？

　　自信和健康是一对好拍档，它们在我们前进的道路上互相扶持和鼓励，越健康就越自信，越自信就越健康。

　　锻炼好身体，让自己少生病，每天都精神抖擞、精力充沛，身体里就像装了动力十足的马达，做什么都事半功倍，自然就会越来越相信自己，越来越乐观向上啦！

完美女孩 的 自信秘诀　Self-confident

别给失败找借口

苏小卉拿到了期中考试的成绩单，看着上面不尽如人意的成绩，她一边叹气，一边自言自语地说："要不是因为感冒，我一定可以拿更高的分数……"

就在这时，苏小卉不小心瞄到了郁晓晓的成绩单，看起来也不太理想，她便忍不住问道："晓晓，你怎么也没考好呢？"

"唉！"郁晓晓十分懊恼地回答道，"有好几个知识点我没掌握，看来下一次复习要更加用功才行呀！"

同样是考砸了，郁晓晓将原因归结于自己没复习好，苏小卉却把责任推到感冒上。如果是你，你会怎么做呢？是像郁晓晓一样，总结失败的教训，争取下一次不犯同样的错误呢？还是像苏小卉一样，为自己的失败找各种借口，不愿正视失败呢？

给自己找太多借口，就会看不见自己的不足，从而无法将错误根除，结果是在一次失败的同时，又为下一次失败做铺垫。失败了，只有多从自身找原因，才能逐个消灭弱点，一往无前。

别给自己的懒惰找借口

1. 不要因为怕吃亏就总是挑肥拣瘦，专找轻松的事情来做。

2. 不要认为时间还很多就一拖再拖，最后临时抱佛脚。

别给自己的失败找借口

1. 犯了错，先从自身找原因，不要总是把责任推到别人身上。

2. 多从主观上找原因，少找天气、地点、环境等客观条件的麻烦。

笑出来的自信

第一眼看上去，上图中的哪位女生显得更加自信呢？不用说，一定是二号女生了。当一个人露出真诚大方的微笑时，自信挡都挡不住。而且，微笑的用处远不止于此呢。

微笑还能给我们带来许多别的东西，比如勇气，比如希望，比如人气。

疲惫时，试着露出微笑，身心会感到顿时轻松；

沮丧时，试着露出微笑，就能看到希望的曙光；

悲伤时，试着露出微笑，悲痛就会一点点融化；

胆怯时，试着露出微笑，勇气就会不知不觉增长。

不仅如此，微笑还代表着接纳、喜欢和快乐。比起华丽的穿着、精致的妆容，微笑才是最吸引人的装扮。

当我们学会用微笑从容地面对所有事情时，就能拨开乌云见到阳光，更加积极向上地面对生活，拥有一个七彩的明天。

微笑名言

当生活像一首歌那样轻快流畅时，笑颜常开乃易事；而在一切事都不妙时仍能微笑的人，才活得有价值。

——威尔科克斯

人类确有一件有效武器，那就是笑。

——马克·吐温

如果你不学会在麻烦时笑，当你变老时，你不会对任何东西笑。

——爱德华·豪

把爱说出口

爸爸妈妈，我爱你们！

爷爷奶奶，我爱你们！

哥哥（姐姐），我爱你！

老师，我爱你！

我的好朋友，我爱你！

"爱"是世界上最纯洁美好的感情，每个人的周围都充满了爱：家人的爱、老师的爱、朋友的爱，甚至陌生人的爱。面对这些无私而美好的感情，最好的回馈方式就是付出同样的爱。当一个人生活在爱的怀抱中，她的内心一定充满希望，她一定能更加积极乐观地面对今后的人生。

那么,你是否经常对身边的人表达自己的"爱"呢?可能因为害羞,因为觉得太矫情,我们很难将"爱"这个字脱口而出。表达爱的方式有很多种,只要我们付出自己的真心,就一定能让对方感受到爱和关怀。

 表达爱的方式

☆ 请说温暖的话语。经常向父母表达谢意,向远方的亲人表达思念之情,向朋友表达喜爱之情。

妈妈,您辛苦了。

奶奶,我很想念您!

真高兴能和你成为朋友。

☆ 为所爱的人制作感恩小卡片,感谢他们对我们无微不至的照顾,感谢他们不图回报的辛勤付出。

> 最敬爱的安琪老师:
>
>   今天是教师节,祝您节日快乐。感谢您一年多来对我的教导和关怀,您辛苦了……
>
> 苏小卉

我也能保护弱小

周末,苏小卉跟着姑姑一起出去逛街,姑姑还带上了三岁的女儿丁丁。出门前,姑姑笑着对苏小卉说:"你是姐姐,出门记得保护妹妹呀!"

"当然!"苏小卉扬起脑袋一脸自信地说。

逛到一半,姑姑正巧遇到她的同事,两个人便开心地聊了起来,一聊就忘了时间。这时,小丁丁被经过的一辆气球车吸引住了,便跟着走了过去,粗心的姑姑只顾聊天,完全没注意到。

"可别跑丢了呀!"苏小卉心想,赶紧跟了过去。

五分钟过去了,姑姑低头一看,这才发现女儿不见了,她焦急地四处张望。这时，在不远处，她看见一大一小两个身影朝这边走来，正是苏小卉和丁丁。

"小卉，刚才多亏你看着丁丁，不然……"姑姑激动得都快说不出话来。

苏小卉腼腆地笑了笑，回答道："我是姐姐，当然要保护妹妹啦！"

在家里，我们是被爸爸妈妈保护的小公主；在学校，我们是被老师保护的小树苗；在男生眼里，我们又成了被他们保护的"胆小鬼"。在大多数情况下，女生通常充当被保护的角色。如果我们也能变成保护者的角色，是不是很酷呢？

保护比自己更弱小的人，保护一棵树、一株花，尽自己的力量保护需要我们保护的人或事物，我们会因此拥有强烈的存在感和成就感的！

我是Super Girl

- 保护弟弟妹妹，做懂事的大姐姐；
- 保护身边的弱势群体，做正义的化身；
- 保护身边的花花草草，做最有爱心的女孩。

第 2 章

面对大家，我不怕！

我有公众恐惧症吗?

"下面,请一位同学读一读这段课文。"

安琪老师推了推鼻梁上的眼镜,开始在教室里环视。苏小卉的心都跳到了嗓子眼,她不停地默念着:"别喊我,别喊我……"

结果,安琪老师温柔地说道:"苏小卉,请你来读一读吧!"

苏小卉哆哆嗦嗦地站起来,脸"唰"地一下就红了,喉咙也像是被什么堵

了一样。再看看课本上原本熟悉的文字,像是突然全戴上了面具,苏小卉竟然一个字也读不出来了。

教室里就这样安静了好几分钟,安琪老师最终只好让苏小卉坐下了。

"苏小卉,你私下读课文不是挺好的吗?怎么一到课堂上就不行了?"下课后,郁晓晓不解地问道。

苏小卉丧气地趴在桌上,一句话也说不出来。她比任何人更想知道这到底是怎么回事呢。

私底下嗓门大,一副天不怕地不怕的样子,一进入公众视线就胆小得要命,仿佛全身肌肉都开始不受控制;平常做什么都有模有样,一旦在众目睽睽之下就大脑短路,做什么错什么。糟糕,你不会像苏小卉一样患上了公众恐惧症吧?

你患上公众恐惧症了吗？让我们来测试一下吧！

每个问题有4个分值可以选择，它们分别是：A：从来不会或很少；B：偶尔会这样；C：经常会这样；D：一直这样。

（A：1分；B：2分；C：3分；D：4分）

1. 我害怕在严肃的人面前讲话。

A   B   C   D

2. 我会在陌生人面前脸红。

A   B   C   D

3. 学校或班级的各种集体活动让我感到害怕。

A   B   C   D

4. 我讨厌和我不认识的人说话。

A   B   C   D

5. 听到别人谈论我，我会很紧张。

A   B   C   D

6. 当众发言时我会突然头脑空白。

A   B   C   D

7. 我无法在别人的关注下做事情。

A   B   C   D

8. 一旦在众人面前出丑，很想马上逃离现场。

A   B   C   D

快把你的分数加起来吧！

1~8分：放心啦，公众恐惧症跟你无关。

9~15分：还好还好，你只是轻度症状。

16~24分：小心了，你已经具有中度症状。

25~32分：不妙，你的公众恐惧症已经很严重啦！

自己来赶跑公众恐惧症

1. 经常对着镜子鼓励自己："我是最好的""我一定可以"。

2. 不要太勉强自己，也不要对自己太严苛，告诉自己：尽力比成功更重要。

3. 试着忘记不开心的事情，不要总是想着失败的一幕幕场景。

4. 向身边的人倾诉自己的烦恼和心事。

5. 多在人多的地方走动，试着对陌生人微笑。

6. 向自己的弱点宣战，越是害怕的事越要努力尝试。

糟糕,鼻子又酸了

下课后,苏小卉被叫到了安琪老师的办公室。

安琪老师语重心长地对苏小卉说:"小卉呀!你的语文成绩一直名列前茅,为什么在课堂上的表现却不尽如人意呢?"

安琪老师的声音特别温柔,苏小卉却一脸委屈的样子,鼻子也不知不觉泛酸了,她支支吾吾了一阵儿,一句话也说不出来。

看着苏小卉的眼泪开始在眼眶里打转儿,安琪老师只好说道:"小卉,你得多锻炼锻炼自己的胆量才行呀!"

回教室的路上,苏小卉懊恼极了,她讨厌自己爱红的脸、爱泛酸的鼻子、爱掉眼泪的眼睛。可是,她就是这样嘛,一遇到让她紧张的事儿,她的五官就好像不受控制了似的。

如果我们总是

惯着自己，不想做的事不做，害怕见的人不见，不敢说的话不说，那我们将永远无法突破自己。一旦了解自己的弱点，不应该逃避、纵容，而要挥起勇气之剑向它宣战。

● 上课不敢主动回答问题，就逼自己多举手。

● 不敢和陌生人交谈，就常替家人购物，并多和导购阿姨（叔叔）打交道。

● 害怕和老师单独谈话，就试着把老师当成朋友，像平常聊天那样和她（他）交谈。

郁晓晓的好主意

班上还差一个语文课代表，苏小卉倒是可以试一下，说不定当上了语文课代表，就能得到更多的锻炼，自信心也会在不知不觉中增强呢。

别那么敏感

"下节课竞选语文课代表，我会把票投给苏小卉，你呢？"

"我还是投给李芹吧！虽然苏小卉的语文成绩在我们班数一数二，但是她连上课读课文都读不好，怎么当课代表？"

……

刚准备走进教室的苏小卉正好听到了这番话，原本对竞选语文课代表充满信心的她，心情一下子跌到了谷底。她甚至想：我还是弃权算了，反正大家都认为我不行！

因为别人的一句话，苏小卉好不容易树立起来的自信心，竟然一丝不留地全部跌到了悬崖下。语言真的有如此大的杀伤力吗？

别人说的话会给我们造成怎样的影响，全看我们自己如何对待，如何消化。如果我们太在意别人说的话，别人说什么都往心里去，自然很容易影响自己的判断力，变得失去主见和自我。更糟糕的是，我们会在别人的否定声中否定自己，让别人"梦想成真"，果真变成别人口中的那个样子。

相反,如果我们能洒脱一些,坚强一些,就不会被流言蜚语击倒。走自己的路让别人说去吧,用自己的实际行动去回击别人的非议。

所以,别那么敏感了,专心走好自己的路吧!

干净为自信加码

体育课上,同学们练习羽毛球双打。体育老师对大家进行了分组。尹琪突然跑到老师面前,小声央求道:"老师,我不想和徐佳妮一组,我能换队友吗?"

安琪老师刚编排好座位,史小冬突然跑过来,一脸讨好地对老师说:"安琪老师,给我换个同桌呗,我实在不想和徐佳妮做同桌。"

徐佳妮究竟是何许人也?大家为什么都对她避而远之呢?原因其实很简单,她实在太邋遢了,衣服永远脏兮兮的,头发总是油腻腻的,谁愿意接

近她呢？没有朋友的徐佳妮总是一个人孤零零地躲在角落，从来不敢主动和同学们玩耍，也很少跟别人说话。

和性格内向的苏小卉不一样，徐佳妮之所以不自信，完全是因为她的外表。假如徐佳妮爱干净、勤打理，大家都愿意和她做朋友，她自然不会产生自卑心理，就不会可怜地躲在角落啦！

 让我们做一个干净整洁的漂亮女生吧！

★ 勤洗澡，勤洗头。

★ 出门前，检查头发、校服、鞋袜等是否干净整洁。

★ 保持随身携带物品、课桌的干净整洁。

★ 早晚刷牙、饭后漱口，保持口腔和牙齿的清洁。

★ 不留长指甲，勤洗手，保持手指清洁。

挥起正义之剑吧！

一天，肖涵语和苏小卉正坐在教室里聊天，后面突然传来男生们的哄笑声："徐佳妮，一身泥，脏兮兮……"调皮的男生们又在欺负可怜的徐佳妮。

肖涵语扭头朝教室后面望去，心里很不是滋味，她忽然气愤地站起来，大声说道："不行，必须制止他们。"

"啊？"一旁的苏小卉怯怯地说，"还是别管闲事吧，那些男生……"

没等苏小卉说完，肖涵语就握着小拳头气冲冲地走过去，站

在徐佳妮和男生们中间,一脸严肃地瞪着男生们,大声呵斥道:"欺负女生算什么男子汉,你们不害臊吗?"

男生们被这突如其来的训斥吓呆了。局面僵持了几秒,势力庞大的男生们竟然败下阵来,识趣地离开了。

此刻,苏小卉的眼睛似乎产生了幻觉,她眼前的肖涵语忽然变得特别高大,而且身上还泛出耀眼的金光呢。

帮助弱小,不仅让对方得到保护,也让自己获得一笔无价的财富——当一个人挥起正义之剑时,再瘦弱的身体都会变得很强大,浑身充满力量,你将收获一个了不起的自己。比起遇事畏畏缩缩的人,浑身充满正义感的人是不是更具魅力呢?

注意了!

正义不是鲁莽,在维护正义的同时,也应该保护自己的安全,千万不要做超出自己能力范围的事情啊!

造型大改造

徐佳妮事件后，苏小卉更加崇拜肖涵语了，可是她心里也产生一丝担忧，于是对肖涵语说："你帮得了徐佳妮一时，帮不了她一世呀，只要你不在，男生们还是会欺负她的。"

"对呀！这可怎么办呀？"肖涵语也发起愁来。突然，她脑筋一转，惊喜地大叫道："有了！"

"什么？"苏小卉不解地问。

"男生之所以欺负徐佳妮，是因为她有些邋遢。与其去制止男生，还不如直接改造徐佳妮呢。"

这可真是个好主意，姐妹俩说干就干。星期天，她们将徐佳妮约出来，开始有计划地对她进行改造啦！

第一步：理一个干净清爽的头发。

 第二步：剪掉多余的手指甲和脚指甲。

第三步：洗一洗牙，口腔更健康。

 第四步：换上一套合适的、干净的衣服和鞋袜。

第五步：训练体态——抬头挺胸，精神抖擞。

俗话说，三分长相，七分打扮。改造后的徐佳妮简直像变了一个人似的，整个人精神多了，漂亮多了，不禁让人刮目相看。

保持整洁的外表，不仅让别人眼前一亮，还能够增加自己的自信心呢。从今天开始，注重自己的形象吧，让我们做一个从里到外都自信的人！

小贴士

- 衣服不一定要穿名牌，但一定要穿适合自己的。
- 不要每天穿同样的服装（除了在学校要穿校服外），让心情也变换一下。
- 衣着合身，保持整洁得体。
- 多穿亮色、纯色的衣服，显得精神、有朝气。
- 保持干净和整洁。

我敢和他对视

星期一的早晨,当焕然一新的徐佳妮走进教室时,大家吃惊得下巴都要掉下来了,甚至有同学问:"这是新转来的学生吗?"

徐佳妮抑制住心中的欢喜,抬头挺胸地向自己的座位走去。

徐佳妮刚坐下,班上最调皮的男生史小冬就跳到她身边,亮着嗓子大声喊道:"这是谁呀?原来是一身泥的徐佳妮呀,丑小鸭变白天鹅啦!"

此话一出,教室里立刻传来此起彼伏的哄笑声,只见徐佳妮又丧气地低下了头,好不容易拾起的一点自信又丢了。

形象虽然改变了,却依然怯懦地不敢和别人对视,自信当然会消失不见啦！眼睛是心灵的窗口，它能传递内心的信息，想要彻头彻尾地改变，就通过眼神将自信的信息传达给别人，让对方感受到你的自信吧！

我们该如何对视呢？

1.和别人聊天时，应该时不时和对方进行眼神交流，但不要一直盯着别人看。

2.听别人谈论一件事时，请看着对方的眼睛，表示对别人的尊重。

3.当别人对自己产生误解时，请用真诚的眼神感染对方。

4.当阐述自己的观点时，请用坚定的眼神看着对方，这样更容易得到认可哦！

埋在喉咙里的自信

吵闹的教室里，苏小卉正在津津有味地看漫画书，忽然感觉有人在她耳边说了句什么，她抬头一看，原来是徐佳妮呀！

"你刚刚说什么？"苏小卉问完，又将视线转到了精彩的漫画书上。

"放学后……"后面的字又淹没在嘈杂声中。

苏小卉实在没听清，只好抬起头尴尬地笑了笑，再次问道："不好意思，你能再说一次吗？"

只见徐佳妮憋红了脸，一个字也说不出来，最后竟然慌忙离开了。

苏小卉立马傻了眼，心中感慨道："这世上竟然还有比我说话声音更小、更喜欢脸红的人呀！"

说话声音小，不仅让别人听起来吃力，也会给自己带来许多困扰。当别人一次听不清，两次听不清，三次……四次……你是否有勇气一次次重复呢？这样一来，不仅让自己这一次的想法无法表达，而且还给自己下一次发表意见埋下阴影，结果，说话的声音越来越小，自信心也全都埋在了喉咙里。

第一次就大声说出自己要说的话，让对方专注地听你说，这可比一而再再而三地重复更加有效啊！

声音训练营

第一步：在空旷的地方练习朗读课文，提醒自己保持洪亮的声音。

第二步：在嘈杂的场所和好朋友聊天，不知不觉中提高自己的音量。

第三步：试着与不太熟悉的人交流，慢慢养成习惯。

第四步：学会控制自己的音量，在适当的场合用合适的音量。

吞进肚子里的话

"放学后一起回家?放学后一起去玩?"徐佳妮离开后,苏小卉一直在努力拼凑那没听清的半句话,可是她绞尽脑汁也没想出来。

"唉!徐佳妮真是的,有什么要说的就说清楚嘛,害我想半天也想不出来。"苏小卉忍不住向郁晓晓发起牢骚来。

郁晓晓笑了笑,对苏小卉说:"你还不是一样,明明想知道,又不愿意去问个明白。"

是啊!无论是徐佳妮,还是苏小卉,她们都把自己的想法吞进了肚子里,不愿意说出来。如果不能把想法表达出来,只是一味地抱怨又有什么用呢?问题不但得不到解决,还很可能增加新的问题。

及时表达自己的想法，是消除误会、解决问题的最佳方法，同时也是让他人了解你、支持你最直截了当的方式啊！

勇敢地说出自己心里的话，即使是错的也没关系，至少我们能了解自己的不足，从中获得宝贵的经验；大声说出自己的观点，即使被否定也没关系，至少我们争取过，就不会留下任何遗憾呀！

 ### 选择合适的时机

当对方正在关注你时，及时说出自己的观点或想法。千万不可在别人正在谈话时贸然插话，那样只会让对方反感，更别说听你说话了。

 ### 表达流畅、清楚

一件事说了半天还没说到重点，听的人自然会失去耐心啦！一语中的，用简短精练的语言说清楚一件事，才能吸引别人的注意力呀！

搞笑的力量

前面提到，上个星期因为肖涵语感冒了，苏小卉替她做了一次国旗下的讲话。转眼又到了星期一，肖涵语的感冒全好了，已经不需要别人替代了，可是她又不好意思对苏小卉说。

纠结了好一会儿，肖涵语终于鼓起勇气对苏小卉说："小卉，今天……国旗下的讲话……我……"

苏小卉一听，立马知道肖涵语要说什么了，而且听她支支吾吾的，便知道她也很为难。于是，苏小卉笑了笑，说道："太好了，你的嗓子终于好了，我可以功成身退啦！"说完，她还十分夸张地大舒了一口气。

面对搞笑的苏小卉，肖涵语的心情一下子变得轻松起来。

在尴尬中加入一点搞笑的调味剂，自然会使整个气氛变得柔和轻松起来。而拥有搞笑能力的人，绝对在哪里都大受欢迎。同时，获得别人关注和喜爱的目光，也就等于拥有了自信的源泉。也可以这样说，拥有了幽默感，自信一定会主动找上门的！

汲取搞笑的力量

1. 自己是最好的搞笑素材，善于自嘲的人一定浑身充满幽默细胞。

2. 发挥想象力，用脑筋急转弯或讲冷笑话的方式，可以产生意想不到的效果。

3. 提高语言表达能力，注重与肢体语言的搭配。

是她给了我自信

"苏小卉,我发现你最近越来越自信啦!"

"是吗?"听到这样的评价,苏小卉又惊又喜,她完全没料到自己会有这样的变化。

那么,在苏小卉身上究竟发生了什么事呢?

当老师向苏小卉提问时,她身边总有一个人向她投来肯定的目光。

当苏小卉参加某项活动时,总有一个人在她耳边说:"小卉,你一定可以的。"

当苏小卉犹豫不决时,那个人就会鼓励她:"别担心,相信自己。"

这个人是谁呢?她就是美丽大方、人见人爱的肖涵语。有了肖涵语的鼓励与帮助,苏小卉像是拥有了一对有力的翅膀,即使再陌生的天空她都有了飞上去的勇气。

千万不要小看别人的力量啊！当我们缺乏自信和勇气时，身边有个人不断地给我们传递正能量，必定会让我们信心大增的。

☆不要等着别人主动来鼓励你，而是要主动去寻找能鼓励你的人。

☆自信有时候也能移花接木，当我们多和自信的人接触时，在不知不觉中也会被她（他）的自信感染，从而深受鼓舞的！

☆想要获得别人的鼓励，自己首先要舍得赞美和鼓励别人。

有人总是抱怨身边的人太冷漠、太自私，总是把注意力放在自己身上，而对别人的事漠不关心。殊不知，在别人的眼中，我们也正是这样的人。人和人应互相关心和帮助，想要获得关注，首先要对别人投去关注的目光。

站在舞台上的我

在肖涵语的鼓励下,苏小卉报名参加了"青少年歌唱比赛"。可是,苏小卉一想到几天后要站在学校大礼堂的舞台上,被几千双眼睛注视,她就紧张得浑身直哆嗦,练习起歌曲来也总是走调。

"我一定会成为舞台上的大笑话,还是趁早放弃吧!"有了这样的念头,苏小卉更加灰心了。

作为苏小卉的好朋友,肖涵语和郁晓晓看在眼里急在心里。

郁晓晓说:"这样下去可不是办法,我们得帮帮苏小卉。"

"那么,只有一个办法啦!"肖涵语一脸严肃地说,"让我们对她进行紧急舞台培训吧!"

自信训练营

1. 充足的准备

俗话说"有备无患",做好了充足的准备,就等于让自己吃了一颗定心丸,只要将准备好的展现出来就不会差到哪里去。所以，在比赛之前，我们唯一要做的，就是抛开一切杂念，专心练习。

2. 放松心情

别给自己太大的心理压力，试着给自己这样的心理暗示："这只是一次锻炼的机会，而不是生死攸关的比赛。"还可以通过跑步、玩游戏、踏青等方式舒缓压力。

3. 一个人的舞台

站在舞台上，压力主要是来自台下千百双关注的目光。如果我们能将眼前看到的一切想象成一个大花园，将观众当成各种颜色的花朵，而将自己当成唯一的观众，就能在第一时间消除紧张，发挥正常水平啦！

有人比我更优秀

在朋友们的帮助下,苏小卉顺利克服了心理障碍,勇敢地站在了舞台上。

那一天,苏小卉美妙的歌声飘荡在大礼堂的每一个角落,所有的观众都陶醉了。尽管这样,苏小卉还是与冠军失之交臂,最终屈居亚军。冠军的获得者是一个叫张曼的女生,她也是苏小卉的同班同学。

"小卉,我觉得你比张曼唱得好听多了,冠军应该属于你。"回教室的路上,郁晓晓一直为苏小卉打抱不平。

苏小卉嘴上什么也没说，脸上却露出尴尬的表情，她一直告诫自己不要在意比赛名次，可心里还是很不好受。

回到教室后，苏小卉看到大家都跑去祝贺张曼获得冠军，完全忘记了她这个亚军的存在，她的鼻子开始一阵一阵泛酸啦！

其实获得亚军也是很了不起的成就，为什么苏小卉不但不高兴，反而很沮丧呢？这是因为她离成功太近，却未能成功，比起那些什么名次也没拿到的人，她自然更是感到遗憾。

在我们的周围实在有太多比我们优秀的人，我们也不可能每一次都荣登榜首，任何情况下我们都需要拥有一颗平常心，原谅自己的失利，也认可别人的优秀，只有这样，才能让自己振作起来，以崭新的精神面貌去迎接新的挑战！

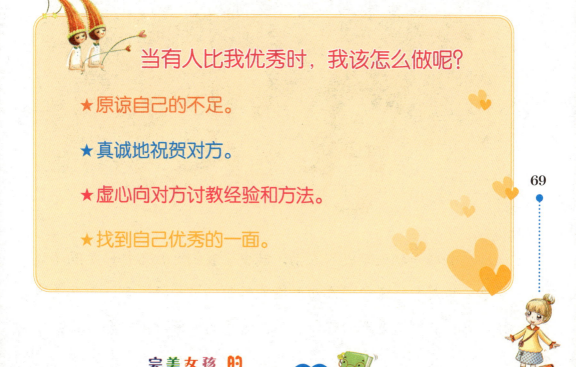

当有人比我优秀时，我该怎么做呢？

★ 原谅自己的不足。

★ 真诚地祝贺对方。

★ 虚心向对方讨教经验和方法。

★ 找到自己优秀的一面。

我的参照物是……

要判断一辆列车是否在动,就要看我们选择怎样的参照物。是路旁的树木,还是同方向同速度行驶的另一辆列车?人也是这样,当我们判定自己的优与劣时,选择的参照物不一样,就会得

出不同的答案。如果没有正确地选择参照物，我们又如何了解真实的自己呢？

总是把别人当成参照物，在比较中寻找自己，只会给自己带来很多不必要的麻烦啊！

> 拿自己的劣势与别人的优势比较，容易产生自卑心理；
> 拿自己的优势与别人的劣势比较，容易骄傲自满；
> 拿自己的优势与别人的优势比较，容易给自己造成不必要的压力；
> 拿自己的劣势与别人的劣势比较，容易给自己降低要求，停滞不前。

尺有所短，寸有所长。我们实在没有必要拿自己和别人比较。每个人都有自己的优点和缺点，我们实在无需自叹总不如人，也没有必要总表现出高人一等。做好自己，拿昨天的自己做参照物，努力完善今天的自己，才能成就明天的自己！

不做孤独的雪莲花

苏小卉终于想通了,她觉得自己应该大方地祝贺获得冠军的张曼。于是,她对张曼说:"张曼,你唱歌真好听,祝贺你获得冠军。"

"谢谢!"说完这两个字,张曼竟然面无表情地走开了,留下苏小卉尴尬地站在原地。

"这个张曼,有什么了不起的,不就是拿了冠军吗?"一旁的郁晓晓又在替苏小卉打抱不平了。

难道真像郁晓晓说的那样,张曼是因为拿了冠军才目中无人的吗?其实不是这样的,了解张曼的人都知道,她就像那天山上的雪莲花一样，美丽却孤傲，对谁都是冷冰冰的，所以她身边一个亲密的朋友也没有。

没有朋友多孤独啊！没有人分享喜悦，也没有人分担痛苦，即使获得再多的荣誉又有什么用呢？一个人站在高高的山巅，尽管能欣赏到绝美的风景，但也要独自承担高处的寒冷；而一群人手拉着手身处山谷，即使前进的路很艰难，也能在互相鼓励、互相温暖中收获温情和快乐。

比起雪山上孤傲的雪莲花，那河畔亲切的野菊花更惹人喜爱。放下高姿态，让自己变成大众的一员，我们会因此收获更多快乐的！

"雪莲花"的自省

——我不应该瞧不起别人。

——我不应该总是孤芳自赏。

——我应该礼貌地对待身边的人。

——我应该多帮助别人。

——我应该多交朋友。

真正的朋友不用讨好

一大早,苏小卉来到肖涵语的课桌前,神秘兮兮地从口袋里拿出一个粉色的小盒子,笑嘻嘻地对肖涵语说:"涵语,这是送给你的。"

"今天不是我的生日呀!"肖涵语一边纳闷,一边接过小盒子,打开一看,里面是一只精致的手表,一看就不便宜。

"喜欢吗?"苏小卉满怀期待地说,"你是我最好的朋友,所以我才送给你的!"

这份礼物实在太贵重了,肖涵语实在不好意思收下,可是她又不忍心拒绝苏小卉的一片好意,这让她为难极了……

如果一份礼物让朋友为难了,那么这份礼物就失去了它原本的意义，变成了两个好朋友之间的负担。朋友之间的关系需要用礼物去维系吗？真正的朋友会大声地告诉你："不需要！"

一味地讨好朋友，只会让友谊变质，对方可能在你的讨好下变得越来越有优越感，而你则会在这种优越感的压迫下越来越没有自信，这实在太可怕了。

真正的朋友是共患难、同欢乐，即使从没送过对方礼物也没关系，因为一颗真诚的心远比一份贵重的礼物更有意义！

如何送礼物？

生日、聚会等重要的日子，朋友之间当然也可以送礼物，但请尽量选择有意义的小礼物，放弃昂贵的"大礼"。

真正的朋友不用讨好！

我们不用为了讨好朋友，给她（他）送各种礼物，或总是把好吃的留给她（他），甚至甘愿为她（他）做任何事情……朋友之间是平等的，肩并着肩才能让友谊更长久！

我会说"不"

看着眼前这只精致的手表,再看看满面笑容的苏小卉,肖涵语明知道不可以接受这份礼物,但她还是将拒绝的话吞进了肚子里。

"那我就当你收下啦!"

见肖涵语不作声,苏小卉果断地替她做出了决定,然后一蹦一跳地离开了。

肖涵语拿着手表,心里很不是滋味,身体里也像是有两个自己在打架:

"我怎么能收下它呢?爸爸不是一直教育我,不可以乱收别人的礼物吗?"

"可是,我要是将表还给小卉,她一定会生我的气!"

……

几天过去了,肖涵语

一直无法决定怎样处理这份礼物,她整天闷闷不乐,一方面不好意思面对苏小卉,另一方面不断地自责,连学习也无暇顾及了。

面对自己不愿意做的事,是选择果断拒绝,还是委曲求全呢?这确实是个难题。可是,我们要清楚一点,拒绝可能让我们一时为难,违背自己的意愿答应对方,却会让我们陷入更长时间的痛苦中。更糟糕的是,如果妥协成了习惯,我们就会丢掉主见,丢掉原则,甚至丢掉自我。

所以,在该拒绝时,我们应该果断拒绝,这不仅是在帮助自己,也是对被拒绝的人负责。

● 1.用幽默的方式拒绝,可以避免尴尬。

● 2.假设不拒绝造成的后果,让对方主动放弃要求。

● 3.设身处地地为对方着想,让对方明白拒绝是为了她(他)好。

● 4.语言委婉,以对方能接受的语气和言辞去拒绝。

在别人的眼神中寻找信心

语文课上,同学们都争先恐后地发言,只有苏小卉低头沉默着。抬头间,看见安琪老师关注到了她,两个人的目光交会在一起。

安琪老师的眼神里充满了鼓励和信任,这唤醒了苏小卉沉睡的信心。忽然,苏小卉的右手从课桌上缓缓举了起来。

"苏小卉,你来回答这个问题吧!"

"是!"苏小卉应声从椅子上站起来,心里扑通扑通跳个不停,拿着书本的手也开始哆嗦起来。

"苏小卉,别紧张,你可以的!"

安琪老师说完便露出温暖的微笑,顿时让苏小卉的心踏实了不少。苏小卉努力让自己保持镇定和微笑,将脑海中的答案一点一点地收集起来,然后一字一句地说出口……

"真不错，全答对了！"最后，安琪老师再次露出肯定的眼神，让苏小卉那颗忐忑的心彻底平静下来。

缺乏自信时，总是很难攻克内心那道"关卡"，如果这个时候能得到别人的鼓励和肯定，我们的心扉将瞬间被打开，信心和勇气就会跑出来。所以，越是没自信，我们越应该融入人群中，越应该寻找和别人对视的机会，在别人的眼神中寻找信心。

1. 鼓励是相互的

想要获得别人的鼓励，我们首先应该学会鼓励别人。给别人信心，同时也是为自己打开了积极的大门。

2. 将意见转化为鼓励

赞美、肯定是鼓励的形式，批评、建议同样属于鼓励，将对我们有利的所有意见和建议转化为鼓励，我们就能不断进步，并在进步中获得自信。

3. 感恩每一次鼓励

不要把别人的鼓励当成理所当然，而应感谢每一个给予我们鼓励的人，用自己的改变和进步回报对方。

冲动是魔鬼

"咦？发生了什么事，苏小卉和龚浩怎么会都留在老师的办公室写检讨书呢？"

"事情是这样的，龚浩将一个假蟑螂丢在苏小卉的衣服上，苏小卉一生气把龚浩的课本丢出了窗外，于是，两人爆发了一场'惨烈'的丢书大战。"

"哇！想不到平时文文静静的苏小卉还有这一面呀！"

留在老师的办公室写检讨书的滋味不好受，被许多人指指点点的滋味更不好受，苏小卉看见窗外正在张望的几个同学，顿时羞红了脸，恨不得赶紧找个地洞钻进去。

"当时不那么冲动就好了！"对自己的冲动行为，苏小卉后悔不已。

冲动是一种很可怕的情绪，它让人失去理智，大脑不受控制，做出一些违背自己意愿、不分轻重的事情。等冷静下来，往往会让自己后悔不已。冲动往往会让一个人丧失判断力，迷失自我，做出很多不应该做的事情。经常出错，经常犯错，又哪来自信可言呢？

所以，我们应该学会控制自己的情绪，冷静地处理各种突发情况，这样才能避免犯一些不必要的错误。

★ 告别冲动吧！

- 忌恶言相向。任何时候都不说脏话、粗话、侮辱人的话。
- 忌以牙还牙。绝不以暴制暴，绝不以恶劣的行为报复恶意的伤害。
- 忌得理不饶人。即使你是对的，也不可以咄咄逼人，而要给别人留余地。

★ 控制好自己的脾气！

- 做深呼吸以克制怒火。
- 试着将注意力转移到开心的事情上。
- 及时了解问题，解决问题。
- 通过看书、听歌、赏景等方式培养平和的心境。

第 3 章

正能量，开动起来吧！

请积极地看待这件事

这天，安琪老师给大家布置了一份特别的家庭作业——以"我的家"为主题画一幅画。

同学们接到这个奇怪的任务，心情各有不同。

苏小卉说："唉！又多了一份作业。"

郁晓晓说："既然是作业，那就好好完成吧！"

可是，肖涵语却说："'家'就代表幸福，我一定要用心画我的家。"

从话语中我们可以看出，三位同学在面对同一件事情时，有着截然不同的心态。苏小卉将这件事当成了负担，郁晓晓则将它当作不得不完成的任务，唯有肖涵语把它看作是一件美好而幸福的事。

拥有怎样的心

态，就决定了我们以怎样的态度来做这件事，敷衍、勉强还是积极面对？敷衍只会办砸一件事，勉强最多只能完成一件事，而积极面对则能让这件事做到最好。

不管做什么事情都应该以积极的心态去面对，怀抱着热情将它做到完美，这样我们才不会浪费时间和精力，让自己获得意想不到的成就感。

同学们的积极小妙招

龚浩："每次背古诗，我就把自己想象成古代诗人在吟诵自己的诗，这样就很容易记住了！"

李熙儿："一想到考试过后就是欢乐的长假，我就浑身充满力量。"

苏美美："学好了英语，我就能和外国小朋友对话了，所以英语课一定要认真听。"

别放弃弱项

"苏小卉,你的数学怎么又没及格呢……"

苏小卉早就料到了,只要把成绩单交给爸爸,肯定会"收获"一顿训斥。所以,她早就给耳朵放了假,光看着爸爸的嘴巴不停地张呀合呀,却一句也没听进去。

她心想着:我就是数学"白痴"嘛!学不好也没办法呀,还不如放弃算了。

放弃自己的弱项比捡起它要容易多了,像苏小卉一样,许多人都选择了这样做:

"我的英语学不好,那么就利用英语课的时间做数学题吧!"

"我没有擅长的体育运动,体育课还不如用来复习功课。"

"我将来又不当画家,美术课对于我来说没有任何意义。"

大家都有各自不同的弱项,很多人都选择用同样的方式去对待,那就是放弃。

有一门突出的长处，能给我们增添不少光彩；相反，有一样致命的弱项，也会给我们带来不少困扰。如果我们不争取、不努力，就武断地抛弃弱项，实际上只会让弱项更加猖狂，从而削弱我们的自信心。

试想一下，如果你大部分科目都很优异，却有一门糟糕到不行，它势必如同害群之马，削弱其他科目的优势，将你的整体水平拉下来。如此一来，这个弱项就成了你最沉重的负担。

想要消灭弱项，绝不是放弃它，而是重视它，改变它，甚至将它转化成优势。少了一个弱项，多了一个强项，这必定是世界上最划算的买卖啦！

跳出灰暗的格子

数学课开始前,课代表黄明轩将昨天小测验的试卷发给了同学们。

苏小卉从黄明轩手中接过自己的试卷,打开来一看,四个大大的红叉映入眼帘。苏小卉重重地叹了口气,自言自语道:"唉!竟然错了四道题,看来我真不是学数学的料。"

几乎是同时,一旁的郁晓晓惊喜地说道:"嘻嘻,这次只错了五道题呀,继续加油!"

郁晓晓比苏小卉还多错了一道题,她的心情却好过苏小卉,这是不是很奇怪呢?其实,这正是不同的两种心态,郁晓晓始终

保持乐观的态度，只要有一点点小进步就会很开心，心情自然就像沐浴在阳光下；而苏小卉呢，凡事总是太悲观，一点小烦恼也会让她闷闷不乐，整个人就像被锁在了灰暗的格子里，见不到阳光，也看不见广阔的天空。

用怎样的心态看待事物，我们就会拥有怎样的心情，事态也会随着我们的心情发生改变。乐观的人在绝境中看到希望，而悲观的人则只能在机会中看到不幸！

名言小窗口

一切和谐与平衡、健康与健美、成功与幸福，都是由乐观与希望的向上心理产生和造成的。

——华盛顿

欢乐是希望之花，能够赐给人以力量，使人毫无畏惧地正视人生的坎坷。

——巴尔扎克

第一排是噩梦吗？

"苏小卉，你到前面来。"

"坐在第一排的有：郁晓晓、苏小卉……"

"那么，苏小卉站在第一个吧！"

自从上学以来，苏小卉就逃不出站在第一个、坐在第一排的命运，原因只有一个：苏小卉是班上最矮小的那一个。对苏小卉来说，"第一排"真是个可怕的噩梦，因为她每天都感觉自己活在老师的监视下，不仅失去了自由，而且每一分钟都过得紧张兮兮的。

苏小卉有一个小小的梦想，那就是：

青春期赶快到来吧，这样我就可以长得高高的，然后永远告别"第一排"！

坐在第一排真的很糟糕吗？不同的人对第一排的感触完全不一样啊！我们来听听郁晓晓怎么说吧！

是啊，坐在第一排，当然会有压力，如果我们懂得将这些压力转化成动力，就能迫使自己更努力，更专注，做到更好啦！鼓起勇气，争坐第一排，大胆地展现自我，一定能让别人看到我们最棒的样子啊！

从现在开始，改变一下心态吧！这样，第一排就能从可怕的"老虎凳"变成让人渴望的"宝座"呀！

注：老虎凳是中国古代特有的刑具，能给受刑人造成巨大的痛苦。

主动出击吧!

郁晓晓走进教室,看见苏小卉正双手托着下巴在座位上发呆,愁得脸上的五官都皱在了一起。

"小卉,你在想什么呀?"郁晓晓走过去问道。

"唉!"苏小卉无奈地叹了口气,回答道,"我在思考一个问题。你说说,我每堂课都很认真地听老师讲,每次都按时完成老师布置的作业,为什么还是学不好数学呢?"

"这个嘛!"郁晓晓想了想,突然灵机一动,说道,"你去问问教数学的安老师不就知道啦!"

苏小卉的烦恼

安老师,最近我一直按照您的要求来学习数学,可为什么成绩还是不见起色呢?

安老师的话

其实,学习并不仅仅是获取知识,也需要自主消化。如果只是按照老师的要求简单地完成作业,那只能掌握部分知识,而无法举一反三,无法彻底让它变成自己的东西。

学习嘛！一定要主动出击。课前做好预习，上课积极思考、回答问题，课后独立完成作业，制订适合自己的复习方案，这些都是主动出击。别等着知识找上门，而是主动去征服它，就没有什么学不好的啦。

 不仅仅是学习！

交朋友应该主动出击，与其等着别人来认识你，还不如主动去认识别人，这样才能结交更多朋友。

面对各种机会更应该主动出击，与其等着机会找上门，还不如主动去敲机会的门，这样才不会让机会偷偷溜走。

让想象飞起来

有个小男孩,他的妈妈出门前嘱咐他留在家里照顾妹妹莎莉。

无意中,小男孩发现了一瓶彩色的墨水。他手拿着墨水,看看可爱的莎莉,心想:我或许能用它画出莎莉的样子。

想到这儿,小男孩兴奋地打开瓶子,开始在地板上洒起墨水来。不一会儿,地板上洒满了墨迹,屋子里凌乱不堪。

没多久,妈妈回到家,被眼前的景象惊呆了。但她仔细看了看地板上的墨迹,惊喜地叫道:"这是莎莉呀!"

从这天起,小男孩好像插上了一双想象的翅膀,开始在绘画的天空中自由地翱翔。这个男孩后来成了一名出色的画家,他就是本杰明·威斯特。

想象力是一笔巨大的财富,它就如同埋在地下的钻石,一旦被挖掘,就能放射出璀璨的光芒,具有惊人的价值。

拥有想象力,重视想象力,留住想象力,我们就能在生活中发现更多惊喜,甚至创造出自己都觉得不可思议的奇迹!

苏小卉:"为什么天上的云不会掉下来呢?"

史小冬:"如果我能睁着眼睛睡觉,上课……"

赵忆婷:"如果我能发明一种药水,让我的长脚趾变短就好啦!"

 让想象飞一会儿!

☆允许自己产生不同于他人的奇特想法。

☆用笔记本记下每一个奇怪的想法。

☆向信任的人倾诉自己的想法,从中获得支持和肯定。

☆别在意别人的嘲笑。

☆用实际行动为想象添姿增彩。

好运？坏运？

"李芹考试得了第一，只比第二名的肖涵语多一分呢，运气真好。"

"只差三分我就及格啦，运气真差呀！"

"黄明轩扶一位老奶奶过马路，正巧被安琪老师看见了，就被评为了三好学生，真是走运！"

"我头一次上课打瞌睡，就被安琪老师逮个正着，运气真背。"

苏小卉十分苦恼：为什么别人总是好运连连，我却总是被坏运气找上门呢？她感觉头顶上有一颗倒霉星，随时随地跟

着她，总是给她带来麻烦和不幸。

"如果我能拥有别人那样的好运就好啦！"

其实，运气并不是凭空出现的，大部分是自己创造出来的！她的成绩比你多一分，那是因为她多了一份努力；他做好事被老师看到，那是因为他常常做好事。

同样的，很多情况下，坏运气也是自己制造出来的。如果你认真、细心地对待每一件事，就很难出现粗心大意的意外；如果你严格要求自己，养成良好的生活和学习习惯，就不会因犯错而被罚啦！

让我们拥有好运吧！

· 认真去做每件事，不让失误有机可乘。

· 把握每一个迎面而来的良机。

· 拥有积极乐观的好心态。

· 将美好的记忆储存起来，时时翻阅。

准备好了吗？

你有过下面这些经历吗？

总是要等到进了校门才发现将作业落在了家里。

总是要等到感冒了才意识到自己穿得太单薄。

总是要等到考试时才后悔遗漏了许多该复习的知识点。

……

在事情发生前，没有做好充分的准备工作，意外状况就会找上门。如果只是抱着侥幸心理，以随意的态度对待一件事，同样的，这件事也将回应我们一个随意的，甚至糟糕的结果。

做任何事都离不开准备工作，凡事只有做好了充分的准备，才能保证事情万无一失地进行。记住，成功和机遇只偏爱有准备的头脑，只有做好了准备，成功才能降临在我们身上。

机会总是留给有准备的人

弗莱明是英国著名的细菌学专家，他研究发现了青霉素。如果他没有对葡萄球菌进行数年的研究，或者粗心大意地把出现了霉菌杀菌现象的培养液随手倒掉了，那他根本不可能发现青霉素。

爱迪生是举世闻名的美国科学家和发明家，被誉为"世界发明大王"。如果他不是通过无数次试验，证明上千种材料不能做灯丝，并一直倾心于此项研究，又怎能发现适合做灯丝的钨，又如何改良电灯泡呢？

我有那么不幸吗？

在学校，苏小卉常常这样抱怨："每天总是有学不完的课程、做不完的作业，我真是太不幸了！"

回到家，苏小卉又开始发这样的牢骚："我太不幸了，妈妈整天凶巴巴的，爸爸又总是出差不在家。"

可是有一天，苏小卉在电视上看到这样一条新闻：在遥远的非洲国家，许多孩子别说上学了，就连饭都吃不上，水也没得喝。

我虽然吃不到蛋糕，但和那些连饭也吃不上的人相比，我实在太幸福啦！

苏小卉心里很不是滋味，她心想：比起他们，我实在是太幸福了。

仔细想一下，自己真有那么不幸吗？如果我们的双眼能看到那些真正不幸的人，能用一颗同情的心去感受他们的痛苦,就会发现自己的"不幸"根本不值一提。

拥有健康的身体、美满的家庭、可爱的朋友,这是世界上最幸福的三件事,如果你已经拥有这些,那你必定是世界上最幸福的女孩。

当你感到不幸时:

· 多想想开心的事情。

· 向亲近的人倾诉自己的烦恼。

· 包容和体谅身边的每一个人。

· 多和乐观向上的人接触。

· 同情比自己更不幸的人,并尽自己所能帮助他们。

神奇的信念

清早醒来,苏小卉觉得头特别沉,想要从床上坐起来却怎么也使不上力。"糟糕,我一定是感冒了……感冒使我全身无力,脑袋昏昏沉沉……看来我不能去上学了,只能躺在床上休息……"

这样想着,苏小卉觉得自己越来越累,越来越难受,好像感冒越来越严重了。

"小卉,赶快起床吧!"这时,门外传来妈妈的声音,"刚刚安琪老师来电话,说今天班上组织去春游,让你准备好运动服和运动鞋。"

听到这个激动人心的消息,苏小卉一下子从床上跳了起来,迅速打开衣柜找起衣服来,瞧她

那生龙活虎的样子，哪像是生病了呀！

只知道吃药打针可以治疗生病，还真没听说过一个好消息可以让人恢复健康呢。不过，这一点儿也不奇怪，因为这就是信念的力量。

当你总是往糟糕的方向想问题时，你的周围到处都会飞满倒霉因子，让你的身体、大脑都失去能量；而当你想一些美好的、振奋人心的事情时，你的身体和大脑就会得到积极的指令，从而让情况好转。

积极的信念是我们的动力，遇到困难和挫折时，启动积极信念程序，我们就能变成打不倒的不倒翁了！

 优秀女孩的五大信念

1. 凡事多想想积极的方面。
2. 拥有一个不大但很美好的理想。
3. 把失败当作下一次成功的开始。
4. 用坚强和勇气去面对可怕的事。
5. 摔倒了，第一时间自己站起来。

从做好小事开始

"苏小卉,瞧你洗的袜子,上面黑一块白一块,哪像是洗过的呀!"苏小卉正在房间里写作业,妈妈突然推开门,拎着一只袜子站在门口。

于是,苏小卉不耐烦地理论道:"这不就是一件小事嘛,有必要那么认真吗?我现在最重要的是学习。"她心想:只要我拿出学习这张王牌,妈妈一定无话可说了!

令苏小卉没想到的是,妈妈竟然走上前来,将袜子摆在她的书桌上,一字一句地说:"马上把袜子重新洗一遍!连个袜子都洗不好,还读什么书呀!"

无奈,苏小卉只好拎着袜子朝洗手间走去。

真是奇怪呀!对大人来说,学习不是更重要吗?苏小卉的妈妈为什么会为了一只袜子而打断女儿的学习呢？其实，苏妈妈只想告诉苏小卉一个道理：

连一件小事都做不好的人，将来怎么能做大事呢？

我们的成长过程就如同盖房子，只有砌好每一块砖，保证每一层都坚固可靠，才能一步一步盖成最后的高楼大厦。如果在小事上马虎，经常出错，即使房子修得再高，也只能是一栋待拆的危房啊！

所以，即使是洗袜子这样的小事，我们也应该一丝不苟地完成呀！

名言小窗口

天下难事必作于易，天下大事必作于细。

——老子

把每一件简单的事做好就是不简单；把每一件平凡的事做好就是不平凡。

——张瑞敏

不仅如此，在小事上取得成功，我们也会因此得到小小的成就感，从而获得大大的自信啊！

为小成功喝彩

放学回家的路上，郁晓晓一路蹦蹦跳跳的，嘴里还不停地哼着歌！

苏小卉随口问道："晓晓，今天遇到什么好事啦？这么高兴！"

郁晓晓转过头，一脸兴奋地说："我的作文第一次得优了，我当然高兴啦！"

"这样啊！"看着像小鸟儿一样快乐的郁晓晓，苏小卉实在有点儿想不通，不就作文得个优嘛，至于兴奋成这样吗？

"我每次作文都得优呢，也没像她这样开心啊！"苏小卉在心里默默嘀咕了一句。

小小的成绩当然不值得骄傲,但并不是不能喝彩啊!

千万不要小瞧这些小小的成功,它或许不能为我们带来很大的荣誉,却是成长道路上必不可少的精神食粮啊!为自己取得的小成绩感到高兴,为每一次进步而喝彩,这样我们就能看到越来越棒的自己,慢慢地,我们会变得越来越自信的!

背会一篇课文,解出一道数学题,记住几个英语单词……这些都是小进步、小成功。我们可以在内心为自己喝彩,并鼓励自己加倍努力,争取获得更大的成功!

为了清楚地了解自己取得了哪些进步,我们可以像郁晓晓一样制作一张进步星星表,挂在自己的床头。取得一个小进步,贴一颗小星星,当星星达到一定数量,就给自己一些小奖励吧!

郁晓晓的进步星星表

等级 时间	一等进步☆☆☆	二等进步☆☆	三等进步☆
2月1日			作文得优
2月2日		文艺委员竞选成功	
……	……	……	……
2月28日		数学考试得第一	
月评	一共获得40颗小星星,奖励一支新钢笔,继续加油吧!		

我的理想是……

"你的理想是什么？"

几个好朋友坐在一起聊理想。

肖涵语说："我的理想是做一名出色的主持人。"

郁晓晓说："我的理想是做一名导游，游遍全世界。"

轮到苏小卉了，她却支支吾吾一个字也说不出来。

"苏小卉，你的理想呢？"郁晓晓追问道。

"理想？"苏小卉一脸疑惑地问，"为什么一定要有理想呢！不是只要过好现在就行了吗，为什么要想那么远呢？"

没有理想真的没什么吗？让我们来假设一下吧！

如果没有理想，我们就像无头苍蝇一样，找不到自己前进的方向。

如果没有理想，我们就找不到学习的理由，更少了学习的冲劲。

如果没有理想，我们就会失去信念，在失败面前轻易投降。

如果没有理想，我们就无法品尝一步一步接近理想的喜悦。

如果没有理想，我们就会在取得成功后停滞不前，找不到继续向前的动力。

如此看来，没有理想真是件可怕的事啊！那么，从现在开始，为自己制订一个美好的理想吧！尽管它现在离你很遥远，但只要心中有信念，并努力去实现，梦想就一定能成真。

★ **你的理想是**：舞蹈家、女警、歌星、钢琴家、漫画家、小说家……

写下自己的理想，并说一说为了理想你会怎么做。

行动起来吧！

从前有两个和尚，一个很穷，一个很富，他俩都想去南海朝圣。

于是，富和尚很早就开始存钱，心想：等存够了钱就出发。而穷和尚呢，自从有了这个想法，便带着仅有的一个钵盂出发了。

很快，一年过去了，穷和尚从南海朝圣回来了，富和尚还在辛辛苦苦地存钱。

富和尚问穷和尚："你又没有钱，怎么能到达南海呢？"

穷和尚回答道："我不去南海，心里就很难受。我每走一步，都觉得离南海更近一点，心里就安宁一点。你不愿冒险，所

以还没有出发……"

有了想法，却不立刻行动起来，再美妙的计划也只能成为泡影啦！对任何人来说，脱离行动的理想都只是幻想，永远不可能变成现实。想要实现理想，最好不要拖到明天，而是应该从今天开始，从现在开始，一步一步地朝着理想迈进。

永远不要觉得理想太遥远，当你行动起来时，就会发现那些看起来很困难的事实际上并没有那么难啊！

那么，

想要当班干部，就赶快向老师提出请求吧！

想要学舞蹈，就立马报一个舞蹈班吧！

想进入优秀学生的行列，就马上认真学习吧！

想要拥有健康的身体，从现在开始每天练习跑步吧！

> 行动起来吧！也许一路上会有许多风险，但是风险和收获往往成正比，只有经历过风雨的树木才能长得又高又壮。

付出百分之两百的努力

"这次考试李芹又是全班第一,你说人家怎么那么聪明呢!"苏小卉又在感慨命运不公啦!

"是啊,"一旁的徐佳妮也应和道,"为什么别人生得那样聪明,我却这么笨呢?"

"你们呀,"肖涵语走了过来,一语道破其中的奥妙,"只看到李芹的成功,却没有看到她背后的努力!"

是啊,即使是天才,如果不付出努力,最后也会用尽自己的天赋,变成普通人;相反,一个普通人,如果能付出百分之两百的努力,同样也能获得惊人的成就,成为人们口中的"天才"。成为天才还是成为普通人,完全取决于你付出了多少努力。

徐佳妮的烦恼:

我天生脑子笨,即使我像李芹那样努力,也不可能取得她那样的成绩呀!

安琪老师的解答：

俗话说，笨鸟先飞。如果认为自己没有良好的天赋，那就必须比别人多付出几倍、十几倍，甚至几十倍的努力。一篇课文，别人读三遍，你可以选择读十遍、二十遍，只要肯努力，肯吃苦，就没有什么是不可能的。

名人趣味故事

曾国藩是中国历史上很有影响力的人物，然而他从小天赋却不高。相传有天晚上，他在家里读书，有篇文章读了很多遍还没背下来。这时，突然从房梁上跳下一个小偷，大声说："就这水平还读什么书！"说完，他便把曾国藩刚刚读的文章背了一遍，然后扬长而去。显而易见，小偷比曾国藩聪明多了。可是，小偷最后还是小偷，曾国藩却通过自己的努力成为一代名臣。

做什么都认真

今天轮到苏小卉值日,上课之前,她必须把黑板擦干净,把讲台整理好,再把同学们的家庭作业收齐。

"苏小卉,瞧你擦的黑板,上面还有粉笔灰呢。"

"苏小卉,你还没整理讲台呢。"

此时,苏小卉正在收作业,她一边随手拿起课桌上的作业本,一边发起牢骚来:"我正忙着呢,等下再弄。"

可是,等苏小卉磨磨蹭蹭收完作业本,急促的上课铃响了起来。同学们都坐回自己的座位上,安琪老师笑吟吟地走进了教室。

当安琪老师看到乱糟糟的讲台、脏兮兮的黑板时,顿时脸上的笑容消失了。接着,她走到讲台边,看到那一摞参差不齐的作业本,眼神变得更加严肃了……

可想而知,作为值日生的苏小卉免不了一顿批评了。如果她做事能稍微认真一点儿,这样的事就不会发生了。当然,做事认真不仅是为了得到别人的认可,更重要的是养成良好的习惯。在小事上一丝不苟,面对大事自然就能做到万无一失啦!

认真对待生活和学习中的点点滴滴,避免不必要的失误或错误,让每一件事都做得漂亮、利落,我们就会在这些小成就中得到更多自信,变得更加积极。

认真对待每一件事!

- 认真做作业,避免粗心大意造成的小错误。
- 认真听每一堂课,争取掌握每一个重要的知识点。
- 认真履行自己的职责,用行动征服那些怀疑你的人。
- 认真听取别人的意见或建议,认真反省自己、充实自己。
- 认真处理生活上的小事,养成一丝不苟的好习惯。
- 认真对待自己的梦想,让梦想一步一步变成现实。

看到更远的地方

从前,有一只小鹰和一只小麻雀一起学飞。一开始,它俩都非常认真地练习。

当它们都能飞上枝头时,小麻雀停止了练习,它对小鹰说:"我们已经飞上了枝头,能看到整片森林了!不用再练习了。"

小鹰抬头望了望天,一脸坚定地说:"不行,我还看不到整个天空,我要继续练习。"

就这样,小麻雀已经用自己所学的本事开始捉虫子了,小鹰还在日夜不停地练习飞翔。终于有一天,小鹰一跃而起冲上了天,它飞过了大海、沙漠、草原……见到了无数美丽的风景,而小麻雀还终日困在那

片小森林里捉虫子。

　　如果看不到更远的地方，也不期望看到更远的地方，就如同井底之蛙，永远只能困在狭小的空间里度日。应该将眼光放得长远些，以便看到更高更远的地方。即使现在我们还是那飞不高的小鹰，但只要心中有理想，终有一日能一飞冲天。

努力学习吧！

　　当你在用功学习时，看到别人在操场上玩耍，不用羡慕他们。眼光放长远些，现在的努力是为将来的成功打基础，多付出一份艰辛和努力，必定多收获一份成功。

别害怕失败！

　　一次失败并不算什么，它不能代表你的将来。跌倒了还能站起来继续向前走，才能看到更加美丽的风景。

勇于提出质疑

数学课上,安琪老师正在讲解一道习题的计算方法,同学们一个个都在认真听讲。

这时,肖涵语突然举起右手,说道:"安琪老师,我有一个想法。"

在安琪老师的点头示意下,肖涵语自信满满地站起来,一脸坚定地说:"我认为还有更为简捷的方法……"

听完肖涵语的陈述,同学们目瞪口呆,而安琪老师则似乎在

思考着什么……

这时,教室里发出一阵细碎的议论声。

在课堂上提出质疑,这的确十分勇敢,因为不是谁都有勇气挑战老师的权威,也不是谁都能经受住众人怀疑的眼光。勇于提出质疑,说出自己的观点,才能打破常规,让自己的大脑在新思维中畅游;勇于提出质疑,是对别人负责,也是对自己负责。疑问是开启知识大门的钥匙,质疑是科学进步的阶梯。

我们有理由相信,如果肖涵语的方法是对的,安琪老师一定会表扬她;如果她的想法出现了偏差,老师也会肯定她的勇气和精神。

名人故事角

古希腊的大学者亚里士多德提出过这样一个观点:重物体比轻物体下落的速度要快。世世代代的人们对这个论断坚信不疑。直到两千多年后,有个叫伽利略的年轻人认为这个观点是错误的、荒谬的。有一天,他在比萨斜塔上做了一个实验,将一个大铁球和一个小铁球同时丢下,两个球竟然同时落地。伽利略敢于挑战权威,用科学作为武器,让真理呈现在人们面前。

别被夸赞冲昏了头

"肖涵语,你真厉害,竟然发现了连老师都没注意到的问题。"

"肖涵语,你真勇敢,我太崇拜你了。"

"肖涵语,你真聪明,难怪你学习这么好。"

自从肖涵语在课堂上提出的质疑被证明是正确的,并得到安琪老师的大力夸赞之后,同学们更加欣赏、崇拜她了。一整天,肖涵语都被包围在一片赞叹声中。她尽量让自己保持谦虚,可是心却不由自主地飘了起来。

"哔哔哔"危险信号灯响啦!

一向谦虚谨慎的肖涵语突然变得不那么可爱了,话语间总是过于自信,不考虑别人的感受,还容不得别人取得好成绩,她一定是被夸赞冲昏了头。

别人的夸赞是对我们的肯定与鼓励,如果我们将它当成骄傲的资本,就会渐渐迷失自己,甚至只顾享受荣誉而停滞不前呢。如此一来,我们不仅会放慢前进的步伐,还容易失去曾经拥有的荣誉。

面对夸赞,怎么做?

☆不骄不躁,以一颗平常心去对待。

☆拿得起放得下,丢下荣誉的包袱,重新开始。

☆永不满足,每一次获得成功后给自己设置新目标。

我的自信日志

"肖涵语,你在写什么呢?"

午休时间,苏小卉看见肖涵语正埋头写着什么,便好奇地凑了过去。仔细一看,好可爱的笔记本呀,上面整整齐齐写满了字,每段字的末尾都标上了日期。

"原来你在写日记呀!"

"只猜对了一半!"肖涵语竖起右手食指轻轻摇了摇,"准确地说,我在写自信日志!"

自信日志?

那是我提升自信心的法宝哟!分别记录拥有自信和缺乏自信的事,以此勉励和反省自己。这样,自信心就能一步步增强啦。

难怪肖涵语总是那么有自信,原来她有自己的秘密武器呀!制作自信日志,能让我们更加了解自己,从而有计划、有步骤地提升自信心。

如果身边的人劝你说："你要自信一点！"可是，究竟如何才能获得自信心，你却有些疑惑！那么，从现在开始，养成写自信日志的好习惯吧，将原本抽象的自信心具体化，我们就能一步一步靠近自信啦！

像肖涵语一样制作自信日志吧！

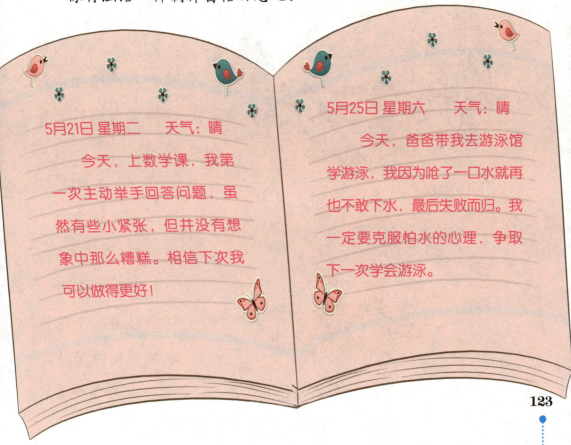

5月21日 星期二　　天气：晴

今天，上数学课，我第一次主动举手回答问题，虽然有些小紧张，但并没有想象中那么糟糕。相信下次我可以做得更好！

5月25日 星期六　　天气：晴

今天，爸爸带我去游泳馆学游泳，我因为呛了一口水就再也不敢下水，最后失败而归。我一定要克服怕水的心理，争取下一次学会游泳。

潜力大爆发

"哇！真没想到，我竟然全都做对了！"

"简直不敢相信，我竟然能在五分钟之内记住所有单词！"

"太不可思议了，我竟然跑完了五千米！"

你是否有过这样的经历？平时根本做不到的事情，突然有那么一刻竟然做到了，你自己都无法相信，就好像身体里藏着一个有魔法的精灵，帮助你完成了这个奇迹。

其实，并不是什么精灵在帮助你，而是你大脑中的潜意识在那一刻爆发了！

人的大脑由意识和潜意识构成，其中意识只占很小的一部分，而潜意识占了绝大部分。潜意识是一种巨大的能力，却一直沉睡在大脑中，很少被我们利用。如果我们不去想办法叫醒它，它就像埋藏在地下的矿藏一样，价值被埋没了。

1. 积极思考

善于思考的人，大脑总是特别活跃。不管学什么知识，都不要一味地接受，而应该善于在旧观点中发现新问题，凡事多问个"为什么"。

2. 发挥想象力

千万别约束天马行空般的想象力，有时候越是看起来荒唐的想法，越能得到意想不到的巧妙结论。

3. 行动起来

再好的想法，再妙的创意，如果不付出行动，就没有任何意义。勇敢地试一试，大脑中的潜意识就会被你的热情叫醒，你的能力就能在瞬间爆发呀！

做自己喜欢的事

"好开心,下节课是科学实验课呀!"

"又是奥数题,头都要炸啦!"

"每天放学后学拉丁舞是我一天中最开心的时刻。"

"每天都要弹两个小时钢琴,好痛苦呀!"

你为什么开心?她又为什么不开心?原因其实很简单。开心呢,是因为正在做自己喜欢的事情;不开心呢,是因为做的事情是自己讨厌的。

做什么样的事,决定有什么样的心情。如此说来,如果我们每天都做自己喜欢的事情,岂不是每时每刻都沉浸在幸福中,每天都觉得生活美妙而充满希望吗?

而且,当我们做自己喜欢的事情时,往往会更有激情和活力,从

而达到事半功倍的效果。也就是说,爱好能够给人带来动力,爱好能够让人变得聪明,做自己喜欢的事会在过程中得到快乐,在困难中得到鼓励!

那么,在完成每天的学习任务后,寻找一些自己喜欢的事情来做吧!我们会因此变得更加积极向上的!

第4章 没有什么能够打倒我！

爱哭的小猫咪

"不好啦，赵忆婷又哭了！"苏小卉一边大喊，一边跑进教室。

"怎么回事？"坐在第一排的肖涵语问道。

"其实也没怎么，"苏小卉略带委屈地回答道，"就是我们玩跳绳的人数满了，没法让她加入，她就哭了。"

"她本来就爱哭，别理她。"一旁的尹琪建议道。

因为爱哭，赵忆婷成了班上的小地雷，谁也不敢靠近她，生怕一不小心触碰到她的脆弱神经，激发了她的泪腺。比起强势的

人，脆弱的人更让人不敢靠近，因为谁也不愿意自找麻烦，莫名其妙地摊上欺负弱小的"罪名"呀！

眼泪不能解决任何问题，它只会让我们看起来懦弱、不堪一击。眼泪是坚强最大的敌人，它会让我们远离勇气和自信，当困难和挫折来袭时无力抵挡，从而被失败所控制。

想要获得更多的朋友，想要拾起勇气和自信，要做的第一步就是擦干眼泪哟！

当我想哭时……

- 在心里不断地告诫自己："不许哭，坚强一点。"
- 转移注意力，鼓励自己多想想开心的事情。
- 嘴角上扬，努力保持微笑的表情。

别抱怨环境

一天早上,苏小卉刚走到学校门口,就听到一阵"嘀嘀嘀"的汽车喇叭声。她扭头一看,张曼正从一辆豪华小汽车上下来。

"有个有钱老爸真好呀!"苏小卉不由得感慨道。

总是抱怨客观环境,而不从自身找原因,不但改变不了环境,还会让自己变得越来越不平衡,越来越自卑。

我们无法改变自己的出身,无法改变生活环境,我们能改变的只有自己的想法。拥有好心态的女孩,即使家境不如别人,也懂得在困境中找到希望,收获快乐和幸福。

不管父母能给我们怎样的物质条件,他们对我们的爱和关怀绝对是百分之百的。爱是世界上最大的财富,拥有了它,我们还有什么好抱怨的呢?

别再抱怨环境啦!以积极自信的心态,用行动和努力去创造自己想要的,去收获更真实、更有分量的成功!

当失败来袭

今年的秋季运动会马上就要举行了。年年都做观众的苏小卉今年报了两个项目：女子100米短跑、女子4×100米接力赛。

"今年我一定要大显身手，让所有人刮目相看。"苏小卉在心里给自己暗暗鼓劲。

到了运动会这天，第一个项目就是女子100米短跑。苏小卉和其他运动员都站在起跑线上。一声枪响，大家像离弦的箭一样冲了出去。

"加油！加油！"

在一声声加油呐喊声中，苏小卉冲到了最前面。可是跑到中途，苏小卉一个步子跨得太大，将自己绊了一下。因为这个失误，好几个运动员超过了苏小卉，朝终点冲去。

最后，苏小卉只取得了倒数第二的成绩。

面对这样的成绩，苏小卉实在难以接受，她红着眼睛径直朝教室里跑去。站在空荡荡的教室里，听着操场上传来的一阵阵欢呼声，苏小卉难受极了，眼泪不知不觉地流了出来。

失败的滋味可真不好受呀，简直比吃了药丸子还苦，比刀割伤了皮肤还痛，而且还有种被全世界遗弃和嘲笑的感觉。谁也不喜欢失败，不希望失败降临在自己身上，可是无论是谁都无法避免失败，即使是站在山之巅的伟人，也必须经历失败的洗礼。

失败在所难免，如果害怕它、逃避它，我们只会变得越来越懦弱，当同样的事情再一次发生时，同样逃不出失败的命运。所以，战胜失败的唯一方法就是勇敢地面对它。

向失败宣战

- 1.坦然承认自己的失败。
- 2.总结失败的原因。
- 3.争取下次不犯同样的错误。

别被"假如"打败

不一会儿,郁晓晓找到了苏小卉,连忙安慰她:"苏小卉,别沮丧,这次没跑好,争取下午的接力赛取得好成绩。"

"接力赛?"苏小卉脸上的表情顿时由沮丧变成了担忧,"我能行吗?假如我又没跑好,那……"

有了一次失败的阴影,害怕失败再一次降临,更害怕因为自己的失败而连累整个团队,这就是苏小卉此时的顾虑。越是这样想,恐惧越是占据了她的心。

如果能消除恐惧心理,成绩一定会比预想的好很多。

很多时候，我们并不是因为缺乏实力而失败，而是因为害怕失败而失败。一切还未开始，就先给自己设定下不好的结局，结果当然会"如你所愿"啦！

放松心情，做一个超级乐观派，丢掉那些根本不成立的"假如"，发挥自己的实力，努力一搏吧！即使成功没能光临，至少不留遗憾。

丢掉假如之后

- 做好充分准备，争取万无一失。
- 别太低估自己的实力，要相信自己的能力。
- 与其想假如失败了会怎么样，还不如先想想假如成功了，会有怎样的美妙感受。
- 别害怕强劲的对手，始终把自己当成唯一的对手。
- 别给自己太大的心理压力、太高的期望值，尽力了也是一种成功。

哪里跌倒哪里爬起来

现在,运动场上正在进行男子4×100米接力赛,接下来便是女子组。坐在休息区的苏小卉紧张得手脚直哆嗦,心都快跳到嗓子眼了。

一旁的郁晓晓看在眼里,急在心里。她看了看表,再看看苏小卉,心里顿时有了主意。于是,她走到苏小卉身边,小心翼翼地说:"小卉,如果你实在不能比赛,就请别的同学代替吧!"

"请别的同学代替?"苏小卉抬起头来,表情复杂地看着郁晓晓。

让别人代替——这的确是个不错的主意,不过一旦这么做,就等于不战而败,

不行!我不能认输,我要在哪里跌倒就在哪里爬起来。

好吧!就请别人代替我,这样对谁都好。

等于向全世界宣告投降，这应该比失败更可怕吧！

面对困难，我们不能一味寻求别人的支援，更不能选择逃避，而是要凭自己的力量战胜它。在哪里跌倒，就应该在哪里爬起来。

试想一下，如果我们能凭借自己的能力克服困难，战胜自我，这将是对自身最大的鼓舞。拥有了站起来的勇气，必定会有走下去的自信。

如果别人低估了我

"苏小卉,你真是好样的!"

"苏小卉,我们支持你!"

苏小卉下定决心后,周围的同学纷纷表示祝福和支持。可就在这时,站在一旁的李芹冷不丁冒出一句:"如果苏小卉非要参加,我们班就输定了。"

此话一出,大伙儿全都倒吸了一口凉气,不敢再多说一句话。再看看苏小卉,她的脸又红了,刚刚被点燃的热情之火一下子全被浇熄了。

俗话说:"当局者迷,旁观者清。"难道别人真的比自己更了解自己吗?难道别人说自己不行,就一定不行吗?千万别有这种想法。别人说的不行或许只是她（他）的主观臆断，她（他）或许不曾了解你付出的努力，也不清楚你的潜力，她（他）的预言又怎会百分之百正确呢？

1. 面对质疑

当别人投来怀疑的目光、发出质疑的声音时，你不应该也跟着自我否定，而是要竭尽全力拼一把，用实际行动证明自己的能力，让那些低估你的人刮目相看。

2. 面对嘲笑

对别人的嘲笑不必太介意，也不要太敏感，当你以一颗平常心面对嘲笑时，它自然就失去了杀伤力，甚至会在最短的时间内烟消云散。

3. 面对伤害

如果别人用语言伤害了你，不要急着去反驳，更不要试图以牙还牙。如果对方是无心的，就用一颗宽容的心原谅对方吧！记住，当你不把伤害当成伤害，那些所谓的伤害就永远伤不到你。

该放弃就放弃吧！

为了期中考试能取得好成绩，我决定放弃每天必看的动画片，专心复习功课。

为了拿到篮球比赛的冠军，我决定放弃休息时间，和队友们勤加练习。

通过共同的努力，苏小卉和队友们一起获得了接力赛的亚军。

通过这次比赛，苏小卉不仅信心大增，她还有了一个新的理想："我要成为一名出色的运动员！"

"苏小卉，你的梦想不是当歌唱家吗？难道不算数了？"当郁晓晓得知苏小卉的新理想，立马提出了疑问。

歌唱家？运动员？究竟是都坚持呢？还是应该放弃一样？

苏小卉顿时没了主意。

同样是理想，想要放弃一样还真是困难呀！可是，如果一样都不放弃，又哪有那么多时间去兼顾呢？不能专心坚守一个理想，最后很有可能让两个理想都成为泡影。

放弃是成长中必不可少的一种选择。就像那行驶在海上的船只，在遇到狂风暴雨时，不得不将笨重的货物扔下，以减轻船的重量，来保证整艘船的安全。

放弃并不代表懦弱，也不代表投降。有所放弃才能更好地选择，才能让自己更加轻松地走向成功。

名言小窗口

在人生的大风浪中，我们常常学船长的样子，在狂风暴雨之下把笨重的货物扔掉，以减轻船的重量。

——巴尔扎克

砸开困难的围墙

困难就像一堵又高又厚的围墙，如果我们一见到它就绕道而行，那困难永远都在那儿，我们也永远无法冲破困难的围墙，看到另一面的风景。

所以，在遇到困难时我们要正视它。如果困难是钉子，我们就将它拔去；如果困难是围墙，我们就将它砸开。战胜了困难，就超越了自我，接下来就没有什么能难倒我们了。

1. 正视困难

当遇到困难时，逃避根本解决不了问题。只有勇敢地面对，弄清楚困难存在的原因，才是解决问题的第一步。

2. 寻求帮助

如果困难过于强大，超出了自己的能力范围，我们可以在别人的帮助下渡过难关。如一道题实在做不出来，可以请教同学或老师。

3. 充实自己

如果困难不能在短时间内解决，我们应该不断地充实自己，努力增加自己的优势，等羽翼丰满时，再一举攻克难关。

不会更糟了

有一位赛马手，赛了三十年的马，从未失败过。

当记者采访他不败的秘诀时，他回答道："我始终记着最寒冷的那个日子，并相信不会更糟了。"

面对充满疑问的记者，赛马手娓娓道来：

"三十几年前一个寒冷的冬夜，温度只有零下二十几摄氏度。我已经两天没吃饭，又冷又饿，就在一座马棚里的马粪上歇下了……那是我有生以来最难熬的一个晚上，但我最终熬了过来。

"第二天，我去了赛马场，对那里的人说，只要不被冻死、饿死，我干什么都愿意。

"接下来的七年间，我干着赛马场最脏、最累的活儿，但一想到那个寒冷的夜晚，我就觉得知足。

"这条底线让我战胜了一切，最终，我信心百倍地站在了赛马场上,成了一名无所畏惧的赛马手。"

给自己设定一条最糟的底线,每当遇到困境时,就告诉自己:既然最糟的情况都能熬过去,那现在这点困难又算什么呢?有了这样的信念,又有什么能打倒我们呢?

记住糟糕的事,并不意味着堕落,而是让自己心中有一杆秤,在对比与衡量中找到自信和快乐。所以,当你觉得自己快被困难或挫折吞没时,想想经历过的最艰难的时候吧,你会因此浑身充满力量,更加坚强地向前进。

自己与自己的战争

在一次考试中,苏小卉发挥严重失常,成绩从班上的上游直接掉到了中下游。

"被那么多同学打败,我实在太丢脸了。"苏小卉想到这里,就别提有多沮丧了。接下来的日子里,她整天闷闷不乐,郁郁寡欢,做什么都提不起精神。

无奈之下,苏小卉只好向安琪老师寻求帮助。

"安琪老师,请你帮帮我吧!"

安琪老师笑了笑,回答道:"我可能帮不了你,如果你愿意的话,我可以介绍你见一个人,她一定能帮助你。"

安琪老师口中这个好心人究竟是谁呢?答案很快揭晓。

安琪老师把苏小卉带到了一面镜子前……

很多人失败了，不是输给了别人，而是输给了自己；失败后，真正能帮助我们的，也不是别人，还是自己。同样，想要从失败中站起来，首先要做的不是战胜别人，而是战胜自己。

想要变得积极向上，就要战胜内心的悲观情绪；

想要变得勇敢坚强，就要战胜内心的怯懦；

想要通过努力获得成绩，就要战胜自身的散漫和懒惰；

想要收获好人缘，就要战胜自负与自私。

名言小窗口

假使我们自己将自己比做泥土，那就真要成为别人践踏的东西了。

——莎士比亚

有那么一点冒险精神

星期五放学回家的路上,郁晓晓对苏小卉说:"周末我们一起去滑旱冰吧!"

"我不去!"苏小卉赶紧摇头,"我又不会滑,肯定会摔得遍体鳞伤。不去,不去!"

"不会可以学嘛!学会了就不会摔跤啦!"

"可是,我怕在学会之前屁股就摔开了花呀!"

"那好吧!"郁晓晓只好无奈地摇了摇头,说,"我只好邀别人陪我去了!"

对于平衡感不太好的苏小卉来说,学滑旱冰确实是一项冒险活动。可是,放弃一次冒险,实际上就等于错过了一次超越自我的机会。在没试过的情况下，谁都无法预言自己行或是不行。

拥有那么一点冒险精神吧！即使在冒险的过程中，会出现很多无法预料的困难和阻碍，只要勇敢面对，坚强对待，打破循规蹈矩的旧模式，就一定能让自己在新的理念、新的高度中看到全新的风景，拥有意想不到的收获！

  拥有冒险精神的你

1. 坚强勇敢，对自己充满信心。
2. 对生活充满热情和好奇心。
3. 做事积极，勇于表达自己。

冒险不等于莽撞

我们必须清楚地认识到，冒险是对未知世界、未知领域的探索，但绝不等于可以肆无忌惮地做任何事。对于那些违法犯罪的行为、有悖于社会公共道德的行为和损人利己的行为，一定要避而远之。

我不想长大吗？

"我不想，我不想，不想长大，长大后世界就没童话！

"我不想，我不想，不想长大，我宁愿永远又笨又傻……"

就像歌里面唱的那样，苏小卉一点儿也不想长大，她甚至无比怀念上学之前的小时候。

苏小卉真希望能拥有一个月光宝盒，让时光倒流，回到那无

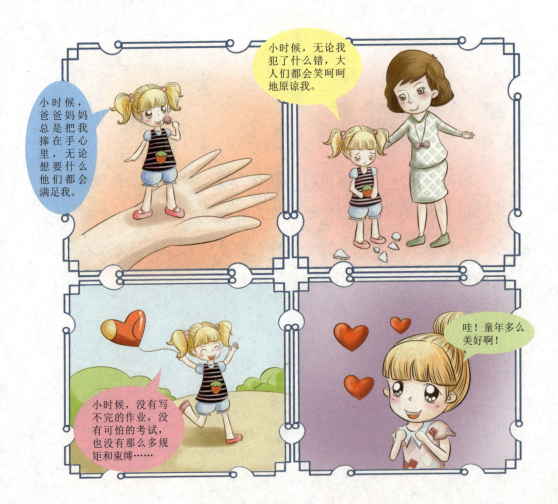

小时候，爸爸妈妈总是把我捧在手心里，无论我想要什么他们都会满足我。

小时候，无论我犯了什么错，大人们都会笑呵呵地原谅我。

小时候，没有写不完的作业，没有可怕的考试，也没有那么多规矩和束缚……

哇！童年多么美好啊！

忧无虑的小时候啊!

可是,每个人都会长大,我们不可能像拇指姑娘一样永远那么小,也不可能永远躲在爸爸妈妈的臂弯下。拒绝长大,不会让我们停止成长,只会让我们对未来越来越恐惧,让我们的内心越来越脆弱。

拥有积极的心态,我们就会对成长产生别样的看法。

花儿只有在开放时最美,蝴蝶只有在破茧后才能飞翔,蝌蚪只有变成了青蛙才能钻出水面。同样,每一个女孩只有经历成长才能散发出最迷人的光彩。长大没那么可怕,让我们坦然地、充满期待地面对成长吧!我们将拥有一条光明的、布满鲜花的成长之路。

长大以后……

· 我会拥有更多自由,可以做许多自己想做的事。

· 我会变得更加强大,有足够的能力保护亲爱的爸爸妈妈。

· 我将变得更加优秀,离自己的理想更近一步。

· 我会拥有一个真正属于我的美好未来。

不要迷信命运

鸟屎和老师的批评真的有关系吗?

"4"真的是一个很不吉利的数字吗?

当我们遇到不好的事情,常常会与命运联想在一起;或者,看到了一些所谓不吉利的预兆,就断定将要发生一些糟糕的事。

实际上,许多事情之间并没有必然的联系,而是我们自己牵强地将它们捆绑在一起,形成所谓的"命中注定"。其实,这根本不是什么命运,而是一种不折不扣的迷信。

总是相信命运,就会失去对自己的信任;

总是依赖命运，就会放松对自己的管理和约束；

总是拿命运当作失败的幌子，就会停滞不前，坐以待毙，无法认识到失败的真正原因，从而掉进失败的漩涡。

别总是抱怨命运，世界上有几十亿人口，命运哪有工夫去管那么多人的事情？打破迷信，做自己的神，主宰自己的命运吧！

做自己的神吧！

- 小麻烦并不是什么可怕的预兆，它没那么大的威力。
- 相似的遭遇只不过是巧合，并不是命中注定。
- 失败了，要多从自身找原因，别找命运麻烦。
- 成功归因于努力，而不是运气和恩赐。
- 信则有，不信则无。把迷信抛到脑后，一切都会变得很正常。

自我解嘲长自信

周末的晚上，苏小卉和爸爸妈妈一起看电视。

此时，银幕上正在直播某台的文艺晚会。一个精彩的节目结束后，穿着长裙的主持人向舞台中央走去。突然，一个不小心，主持人被自己的裙子绊了一下，"扑通"一声摔倒在地。

顿时，观众席上传来此起彼伏的哄笑声。就在这万分尴尬的时刻，那位年轻的女主持人冷静地站起来，面对镜头露出优雅的微笑，说道："上一个节目实在太精彩了，激动的心情实在难以克制，直接导致我路都走不顺了！"

观众们再次被逗乐了。女主持人接着说："接下来的表演会更精彩哟，大家准备好了吗？千万不要像我一样太激动啊！"此时，台下立刻爆发出热烈的掌声。

"这个主持人实在太有范儿了！"就连电视机前的苏小卉也忍不住感慨道。

人的一生难免会遭遇困境和尴尬，在这个时候，自我解嘲的确是化解尴尬、挽回难堪局面的良药。自我幽默一把，化被动为主动，化尴尬为玩笑，实在是生活的艺术。不仅如此，自我解嘲还是一项特别的技能，是我们收获自信的筹码呀！

1.化解尴尬

再尴尬难堪的事，只要有自我解嘲的精神，就一定能大事化小、小事化了。

2.调整心态

遇到不顺心的事，一笑置之，能使自己心情变轻松，心态变积极。

3.收获关注

一个幽默的人绝对是人群中的焦点，它甚至可以弥补长相、能力等方面的不足。

如何看待别人的"警告"?

"千万别将土豆和鸡蛋混在一起吃，会中毒的。"

"千万不要招惹×××，他可是个脾气古怪、性格暴躁的家伙。"

"千万别去走廊尽头那间屋子，里面经常发生特别灵异的事……"

听到这些"警告"，你的第一反应是什么？对此深信不疑，还是会产生一丝怀疑呢？

别人说什么都信，很容易失去主见，使自己变成一只被他人牵着鼻子走的小木偶。实际上，别人说的话不一定都是正确的，也不是所有的"警告"都得遵循。面对别人"警告"的事情，我们得有自己的判断。这件事到底是不是真的呢？如果没有经过验证，我们就得对此打上一个问号。

怎样判断一件事的真伪？

- 让发出"警告"的人拿出有力的证据，否则不可信。
- 向更多的人求证此事，了解大多数人的意见。
- 平时多看书、看报，了解时事和科学，不被迷信和谬论蒙蔽。
- 在条件允许的情况下，用实践证明事情的真伪。

注意了！

如果别人的警告是出于好意，是为了让我们养成良好的生活和学习习惯，我们还是应该虚心听取，切不可盲目排斥。

坏习惯与好习惯

 四大坏习惯

1. 懒散

做任何事都懒懒散散、拖拖拉拉，自然很难将事情做好。一个什么都做不好的女孩，又哪里有自信呢？

2. 爱抱怨

似乎对周围的一切都不满意，总是抱怨这抱怨那，如此一来，身边的一切都会在意识里变得很糟糕，很让人沮丧。

3. 攀比

总是拿自己和别人比，比来比去，忽略了自己拥有什么，而总是嫉妒别人所拥有的，自然会越来越自卑。

4. 依赖

做什么事都指望别人帮忙，遇到任何困难都希望有人扶一把，却不能看到自己的真正实力，结果只能是越来越没主见，越来越失去自我。

四大好习惯

1. 经常微笑

一个常常微笑的女孩，拥有一颗健康、乐观、向上的心，她的生活必定充满欢乐和希望。

2. 乐于助人

经常帮助需要帮助的人，用一颗友善、关爱的心对待身边的每一个人，就能从他人肯定的眼神中获得成就感。

3. 认真努力

任何人做任何事，只要付出了认真和努力，就一定能将事情做到最好。一个人能够将每件事都做到尽善尽美，又有什么理由没自信呢？

4. 敢于挑战

敢于对权威提出质疑，敢于挑战未知的事情，尽情释放好奇心和想象力，一定会有意想不到的收获。

听积极向上的歌

星期天的上午，天气晴朗，苏小卉坐在公园的长椅上，戴着耳机听歌晒太阳。

随着耳机里明快的节奏，苏小卉轻轻地摆动着身体，脸上露出快活的表情。

"哇！天气真好呀，心情也跟着变得很愉快了！"

是啊！听着欢快的歌曲，沐浴在温暖的阳光下，心情自然会变得格外舒畅啊！

欢快的歌就是有这样的魔力。积极欢乐的旋律传进耳朵里，再传遍身体的每一个角落，让每个细胞都跟着活跃起来，烦恼就会被驱散，快乐就会闯进来啦！

相反，如果我们老是听悲伤的歌，就会被歌里的悲伤情绪所感染，从而渐渐变得消沉起来，甚至觉得周围的世界都是灰蒙蒙的！

 多听积极的歌曲吧！

☆心情不好的时候，听一听欢快的歌曲，坏情绪会渐渐得到缓和哟！

☆心情愉快的时候，也听一听开心的歌曲，能将快乐一直延续下去哟！

☆ 和朋友们在一起,播放一些快乐的歌曲,能让聚会变得无比轻松愉悦哟!

☆ 情绪激动、紧张时,听一听轻柔的音乐,能渐渐平复心情,调整心态哟!

崇拜自然偶像

有那么一段时间,苏小卉觉得事事不顺:考试失利、三好学生落选、爸爸妈妈老吵架……她的心情别提多糟糕了。

"苏小卉,我们一起去郊外玩吧!"

为了让苏小卉开心一点,肖涵语和郁晓晓商量了一番,决定陪苏小卉去郊外散散心。

在两位好朋友的劝说下,苏小卉不太情愿地跟着她们来到了郊外。她看到田野里大片大片金黄的向日葵,在阳光的照射下,一闪一闪地发出耀眼的光芒。此时,她的心情变得格外舒畅。

"多美的向日葵呀!瞧她们个个向着阳光,多自信呀!"一旁的肖涵语忍不住感叹道。

顿时,苏小卉感觉自己也变成了一株向日葵,迎着太阳露出了美丽的笑容。

向日葵虽然不会说话,却教会我们如何积极地对待生活,鼓励我们永远保持一颗自信乐观的心。自然界中的许多生物都有着神奇的力量,当我们学会欣赏它们时,就会在这个过程中收获成长。

那些值得学习的自然偶像

·雪中寒梅

在大雪覆盖的寒冬里,它抵抗住寒冷,傲然开放。它教会我们坚强、执着和从容。

·山谷的野百合

即使身处荒无人烟的山谷,也要努力地绽放。它教会我们自强和谦虚。

·点缀别人的满天星

即使从来不是主角,也不会看轻自己,总是在自己的位置默默地盛开。它教会我们自尊、奉献和无私。

你能说出哪些自然偶像?它们值得学习的品质有哪些?

竹 —— 正直　　有风度

寻找榜样

苏小卉去肖涵语家做客,在她的床头发现了一本书——《假如给我三天光明》。

"咦!你喜欢看这本书?"苏小卉将书拿在手里翻看起来。

"对呀!"一旁的肖涵语笑着说,"这是我最喜欢的书,这本书的作者海伦·凯勒是我学习的榜样呢。她听不见、看不见,却凭着自己的坚强意志克服了数不清的困难,成了著名的作家、教育家……"

"哇!她真是太厉害了!"苏小卉听得目瞪口呆,她心想:海伦·凯勒实在太了不起了,如果我能拥有她十分之一的坚强和努力,一定也会很出色吧……

古今中外，有许许多多伟大的人，他们的故事振奋人心，他们的精神永垂不朽，他们是我们学习的好榜样。当我们找到值得学习的榜样时，也就拥有了奋斗的目标，有了前进的动力。

 我的榜样

·古今中外的名人、伟人自然是我们崇拜的榜样，是我们提升自己境界的效仿对象。

·父母、老师也是值得我们崇拜和尊敬的榜样，他们是我们成长道路上的良师益友。

·身边优秀的同学、朋友也是值得学习的榜样，要学习他们优秀的品质，并以此完善自己。

榜样效应

榜样的力量是无穷的。一个积极的榜样，可以影响一个人的心理、性格、情感、道德品质，甚至是生活方式。应该从模仿榜样开始，渐渐将榜样的品质转化成自身的一部分，从而拥有像榜样一样积极向上的人生。